中等职业教育

改革创新

系列教材

网店美工入门
Photoshop
图形图像处理基础

全彩慕课版

任新春 凌云
孙海龙

主编

利兰香 朱海然
林锐燕 廖海颜

副主编

人民邮电出版社

北京

图书在版编目（CIP）数据

网店美工入门 ： Photoshop图形图像处理基础 ： 全彩慕课版 / 任新春，凌云，孙海龙主编. -- 北京 ： 人民邮电出版社，2023.3
中等职业教育改革创新系列教材
ISBN 978-7-115-51393-9

Ⅰ．①网… Ⅱ．①任… ②凌… ③孙… Ⅲ．①图像处理软件－中等专业学校－教材 Ⅳ．①TP391.413

中国版本图书馆CIP数据核字(2022)第221889号

内 容 提 要

本书针对中等职业学校电子商务专业学生的培养目标，根据网店美工相关的工作内容，系统地介绍了 Photoshop 图形图像处理的知识，内容包括了解 Photoshop 图形图像处理、创建与编辑选区、应用图层、调整图像的色调与色彩、修复与修饰图像、应用文字与图形、创建与应用路径、应用蒙版与通道、应用滤镜、批处理图像与切片。

本书可以作为中等职业学校电子商务、网络营销、计算机应用等专业相关课程的教材，也可以作为从事网店美工相关岗位的工作人员的参考书。

◆ 主　　编　任新春　凌　云　孙海龙
　　副 主 编　利兰香　朱海然　林锐燕　廖海颜
　　责任编辑　侯潇雨
　　责任印制　王　郁　彭志环
◆ 人民邮电出版社出版发行　　北京市丰台区成寿寺路 11 号
　　邮编　100164　　电子邮件　315@ptpress.com.cn
　　网址　https://www.ptpress.com.cn
　　天津市银博印刷集团有限公司印刷
◆ 开本：889×1194　1/16
　　印张：11.25　　　　　　　　　2023 年 3 月第 1 版
　　字数：244 千字　　　　　　　2023 年 3 月天津第 1 次印刷

定价：59.80 元

读者服务热线：(010)81055256　印装质量热线：(010)81055316
反盗版热线：(010)81055315
广告经营许可证：京东市监广登字 20170147 号

前言
_ Foreword

党的二十大报告指出，教育、科技、人才是全面建设社会主义现代化国家的基础性、战略性支撑。职业教育是国民教育体系和人力资源开发的重要组成部分。随着网络营销的发展壮大，网店美工的市场需求日益增多，因此，中等职业学校电子商务专业普遍开设了"网店美工"课程。本书将二十大精神与电子商务专业教学联系起来，深挖网店美工岗位技能要求，采用理论和实训相结合的形式，基于Photoshop CC 2018，介绍Photoshop图形图像处理的相关知识。本书的编写具有以下特点。

1. 内容丰富，结构合理

本书首先介绍了Photoshop图形图像处理的相关基础知识；然后从网店美工工作的实际需求出发，详细介绍了Photoshop相关的几大重要功能，由浅入深，层层深入，让读者能够全面掌握Photoshop图形图像处理的基础知识，并在实际工作中加以应用。

2. 情境带入，生动有趣

本书以人物角色"小艾"加入一个设计公司为背景，通过小艾在公司设计师"老李"的带领下制作各种案例，生动地引出各个学习重点。人物角色贯穿Photoshop图形图像处理知识学习的各个环节，让读者在学习的同时感同身受，提高学习效率，巩固学习效果。

3. 图示直观，易于阅读

为了降低读者的学习难度，增强其学习兴趣，本书使用了大量的图片素材，并通过彩色印刷清晰展现Photoshop的应用效果，使读者阅读起来更加轻松。

4. 栏目新颖，实用性强

本书设置了"经验之谈""素养小课堂""知识窗""同步实训""项目小结"

等栏目，注重培养读者的思考能力和动手能力，努力做到"学思用贯通"与"知信行统一"。

5. 配套资源丰富

本书提供大量素材文件与效果文件、精美PPT课件、课程标准、电子教案、精美视频等教学资源，读者可以登录人邮教育社区（www.ryjiaoyu.com）下载并获取相关资源。

本书由任新春、凌云、孙海龙担任主编，利兰香、朱海然、林锐燕、廖海颜担任副主编。由于编者水平有限，书中难免存在不足之处，敬请广大读者批评指正。

编　者
2023年1月

目录
Contents

目录
Contents

目录
_ Contents

目录
Contents

项目 1
了解 Photoshop 图形图像处理

　　临近毕业，小艾找到了一份网店美工的实习工作。入职第一天，小艾被公司分配到设计部，给设计师老李做助理，协助老李完成各项工作。老李准备先与小艾沟通，再让小艾使用 Photoshop 制作一张商品陈列图，以了解小艾的基本工作能力，便于更好地安排今后的工作。

➡ 知识目标

- 熟悉图像的基础知识。
- 掌握 Photoshop 的基本操作。

➡ 技能目标

- 能够熟练通过 Photoshop 的基本操作排版商品陈列图。
- 能够通过编辑图像制作套餐搭配模板。

➡ 素养目标

- 提高对 Photoshop 和图形图像的认识。
- 培养处理图形图像的兴趣。

任务 1 了解图像基础知识

任务描述

经过交谈，老李发现小艾对图像相关知识掌握得还不够全面，因此，老李给小艾详细介绍了图像的基础知识，为之后的工作奠定一定的理论基础。

任务实施

↘ 活动1 了解像素与分辨率

老李告诉小艾，像素是组成图像的基本单位，像素的多少决定图像的分辨率，影响图像的清晰度。

1. 像素

像素是构成位图图像（也称为像素图像或点阵图像）的最小单位，将位图图像不断放大之后，可以看到多个小方格，每个小方格就代表一个像素，图1-1所示为将图像放大前后的对比效果。

图 1-1

经验之谈

图像有位图和矢量图之分，其中矢量图又叫向量图形，是由线条和色块组成的图像。矢量图放大后，清晰度依旧。

2. 分辨率

分辨率是指单位长度上的像素数。单位长度上的像素越多，分辨率就越高，图像也就越清晰，所需的存储空间也越大；而分辨率越低，图像就会变得越粗糙、模糊。图1-2所示为分辨率为72像素/英寸的图像，图1-3所示为分辨率为300像素/英寸的图像。

图 1-2　　　　图 1-3

↘ 活动2　了解图像的颜色模式

颜色模式是将某种颜色表现为数字形式的模型，决定图像以什么样的方式在计算机中显示或打印输出。小艾经常使用RGB颜色模式，对其他颜色模式不太了解，因此老李决定再给她讲讲CMYK颜色模式、Lab颜色模式、索引颜色模式、位图模式、灰度模式、双色调模式和多通道模式等颜色模式。

● RGB颜色模式：该模式是指由红、绿和蓝3种颜色按不同的比例混合而组成的颜色模式，如图1-4所示。该模式是较为常见的颜色模式，自然界中人眼所能看到的任何颜色都可以由这3种颜色混合叠加而成。

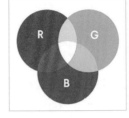 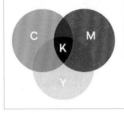

图 1-4　　　　　　　图 1-5

● CMYK颜色模式：该模式是指由青、洋红、黄和黑4种颜色按不同的比例混合而组成的颜色模式，如图1-5所示。该模式是印刷时常用的颜色模式。

● Lab颜色模式：该模式弥补了RGB和CMYK两种颜色模式的不足，是一种基于生理特征的颜色模式，其中L表示图像的亮度，a表示绿色到红色的范围，b表示蓝色到黄色的范围。该模式是比较接近人眼视觉显示的一种颜色模式。

● 索引颜色模式：该模式是指系统预先定义好一个含有256种典型颜色的颜色对照表，当图像转换为索引颜色模式时，系统会将图像的所有色彩映射到颜色对照表中。

● 位图模式：该模式由黑色和白色两种颜色表示图像，其他颜色信息将会丢失。该颜色模式适合制作艺术样式或用于创作单色图形。

● 灰度模式：在该模式中，图像中的每个像素都有一个0（黑色）～255（白色）的亮度值。当彩色图像转换为灰度模式时，图像中的色相和饱和度信息都会被删除，只保留亮度信息，如图1-6所示。

图 1-6　　　　　　　图 1-7

● 双色调模式：该模式使用灰度油墨或彩色油墨来渲染灰度图像，可以采用多种彩色油墨创建由双色调、三色调、四色调混合色组成的图像。

图1-7所示为使用黑色油墨和红色油墨创建双色调图像的效果。

● 多通道模式：在该模式中，图像包含了多种灰阶通道。将图像转换为多通道模式后，系统将根据原图像产生一定数目的新通道，每个通道均由256级灰阶组成。

↘ 活动3　熟悉常见的图像文件格式

图像的文件格式有很多种，不同的格式在使用或存储时发挥的作用也不同。老李准备给小艾介绍网店美工常用的图像文件格式。

1. PSD 格式

PSD 格式是 Photoshop 自身生成的文件格式，支持所有的颜色模式，扩展名为".psd"。

以 PSD 格式存储的图像文件包含图层、通道等信息。

2. JPEG 格式

JPEG 格式是一种有损压缩格式，支持真彩色，生成的文件较小，是常用的图像文件格式，扩展名包括 ".jpg" ".jpeg" ".jpe"。在 Photoshop 中存储 JPEG 格式的图像文件时，可以通过设置压缩类型生成不同大小和质量的图像文件。压缩程度越大，图像文件就越小，图像质量也就越差。

3. GIF 格式

GIF 格式是 8 位图像文件，最多包含 256 种颜色。GIF 格式的图像文件较小，常用于网络传输，扩展名为 ".gif"。网页上使用的图像大多是 GIF 格式或 JPEG 格式。与 JPEG 格式相比，GIF 格式的优势在于可以存储动态效果。

4. PNG 格式

PNG 格式可以使用无损压缩方式压缩图像文件，支持 24 位图像，能够产生透明背景且没有锯齿边缘，图像质量较好，扩展名为 ".png"。

5. PDF 格式

PDF 格式是 Adobe 公司开发的跨平台支持多媒体信息的出版和发布的文件格式，适用于不同平台，扩展名为 ".pdf"。该格式可以存储多页信息，还包含图形和文件的查找与导航功能。

任务 2 初识 Photoshop

任务描述

公司设计部门使用的 Photoshop 版本是 Photoshop CC 2018，与小艾在学校中学习的版本不同，因此，老李让小艾先熟悉一下 Photoshop CC 2018 的工作界面，然后排版一张商品陈列图。

任务实施

↘ 活动1 认识Photoshop工作界面

小艾启动 Photoshop CC 2018 后，就开始熟悉工作界面的基本板块以及相应的功能。图 1-8 所示为在 Photoshop CC 2018 中打开一张图像后的工作界面。

图 1-8

1. 菜单栏

菜单栏将图像处理过程中用到的所有命令分为了 11 个菜单项，每个菜单项下有多个命令。直接单击相应的菜单项，在打开的下拉列表中可以选择要执行的命令。若某些命令以灰色显示，则表示没有激活，或当前不可用。

2. 工具箱

工具箱包含了用于处理图像的工具，如图 1-9 所示。部分工具的右下角有黑色小三角标记，表示该工具位于一个工具组中，在该工具上按住鼠标左键不放或单击鼠标右键，可显示该工具组中的其他隐藏工具。

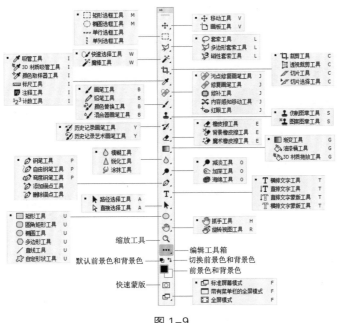

图 1-9

3. 工具属性栏

工具属性栏默认位于菜单栏下方，在工具箱中选择某个工具后，可在工具属性栏中设置当前所选工具的相关参数。图1-10所示为画笔工具的工具属性栏。

图1-10

4. 标题栏和图像编辑区

标题栏显示文件名称、文件格式、窗口缩放比例和颜色模式等信息，而图像编辑区是浏览和编辑图像的主要区域。当打开多个图像文件时，图像编辑区中只会显示当前图像文件，单击标题栏中的相应标题即可显示相应的图像文件。

5. 面板

在Photoshop中，用户可以通过面板进行选择颜色、编辑图层、编辑路径、新建通道等操作。在Photoshop中选择"窗口"菜单项，在其下拉列表中将显示所有面板的名称，可以通过选择对应的窗口名称打开或关闭相应的面板。

6. 状态栏

状态栏位于图像编辑区的底部，可显示图像缩放比例、当前图像文件的大小或尺寸等信息。单击图像缩放比例所在的数值框，在其中输入数值后按【Enter】键可以改变图像的缩放比例；单击状态栏最右侧的▶按钮，在打开的下拉列表中选择某个选项，即可在该按钮的左侧显示图像文件的对应信息。

🖉 经验之谈

Photoshop CC 2018的工作界面可以进行自定义，若默认的工作界面不符合使用习惯，可以选择【窗口】/【工作区】命令，在打开的子菜单中除了可以选择"基本功能"外，还可选择摄影爱好者常用的"摄影"工作界面，或数码绘图工作者常用的"绘图"工作界面等。

↘ 活动2　新建文件

待小艾熟悉了Photoshop CC 2018的工作界面后，老李提供了几张图像，让小艾将它们制作成一张完整的商品陈列图，要求每个步骤都尽量详细，以便全方位地了解她的软件基础操作水平。因此，小艾准备先从新建文件做起，具体操作如下。

微课

新建文件

步骤 01 启动Photoshop CC 2018，在打开的启动界面中单击 新建 按钮，如图1-11所示。

✏️ **经验之谈**

选择【文件】/【新建】命令或按【Ctrl+N】组合键也可以打开"新建文档"对话框。

步骤 02 打开"新建文档"对话框，在"预设详细信息"栏下方的文本框中输入文件名称"商品陈列图"，在"宽度"数值框右侧的下拉列表框中选择"像素"选项，如图1-12所示。

步骤 03 分别在"宽度"和"高度"数值框中输入"1280"和"1000"，再设置分辨率为"72像素/英寸"。

步骤 04 设置好参数后，单击 创建 按钮即可新建文件。新建的文件如图1-13所示。

✏️ **经验之谈**

在"背景内容"下拉列表框中可选择"白色""黑色""透明色""背景色"和"自定义"选项，用于设置背景的颜色。当选择"自定义"选项或单击右侧的颜色色块时，将打开"拾色器"对话框，可在其中设置背景颜色后单击 确定 按钮。

图 1-11　　　　图 1-12　　　　　　　图 1-13

↘ 活动3　置入和打开文件

小艾准备将老李提供的图像置入刚刚新建的文件中，并通过打开文件的方式添加其他素材图像，便于后续制作商品陈列图，具体操作如下。

微课

置入和打开文件

步骤 01 选择【文件】/【置入嵌入对象】命令，打开"置入嵌入的对象"对话框，选择"摆件1.jpg"素材（配套资源：素材\项目1\摆件1.jpg），然后单击 置入(P) 按钮，如图1-14所示。

步骤 02 此时"摆件1"图像将居中显示在图像编辑区中，如图1-15所示。

步骤 03 单击工具属性栏中的✓按钮或按【Enter】键完成置入。若不想置入当前图像，可单击工具属性栏中的⊘按钮。

✏️ **经验之谈**

置入对象分为两种，其中"置入嵌入对象"可以将置入的对象嵌入PSD文件中，源文件与PSD文件互不影响；而使用"置入链接的智能对象"置入的对象与PSD文件是通过链接单独保存的，当删除源对象后，PSD文件中的对象也将消失。

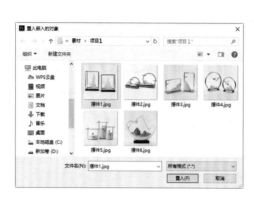
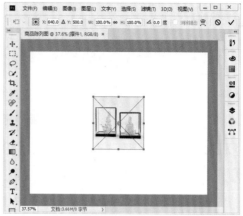

图 1-14　　　　　　　　　　　　　　图 1-15

步骤 04 由于使用"置入嵌入对象"命令一次只能置入一张图像，因此，可直接打开素材所在的文件夹，按住【Ctrl】键依次选择"摆件2.jpg～摆件6.jpg"素材（配套资源：素材\项目1\摆件2.jpg～摆件6.jpg），然后按住鼠标左键不放，直接将所选图像拖曳到Photoshop图像编辑区中，如图1-16所示。

步骤 05 释放鼠标左键后，图像将显示在鼠标指针停留的位置，如图1-17所示，然后依次按【Enter】键完成所有图像的添加。

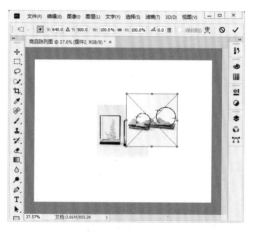

图 1-16　　　　　　　　　　　　　　图 1-17

↘ 活动4　应用标尺、网格和参考线

置入的图像位置较乱，不符合商品陈列图布局规整的要求，于是小艾打算利用标尺、网格和参考线等辅助工具确定图像的位置，具体操作如下。

微课

应用标尺、网格和参考线

步骤 01 选择【视图】/【显示】/【网格】命令或按【Ctrl+'】组合键显示网格，效果如图1-18所示。

步骤 02 为了保证左右留白宽度相等，按【Ctrl+K】组合键打开"首选项"对话框，单击左侧的"参考线、网格和切片"选项卡，然后在右侧的"网格"栏中设置网格线间隔为"128像素"，如图1-19所示。

步骤 03 在左侧单击"单位与标尺"选项卡，然后在右侧的"单位"栏中设置标尺与文字的单位均为"像素"。

步骤 04 完成设置后单击 确定 按钮，可发现图像编辑区中的网格大小已发生改变。

步骤 05 按【Ctrl+R】组合键显示标尺，将鼠标指针移至左侧的标尺处，按住鼠标左键不放并向右拖曳鼠标，在移动鼠标指针时参考线将自动吸附图像编辑区中的网格线，当鼠标指针移至第一个小网格的右侧时释放鼠标，创建出图1-20所示的垂直参考线。

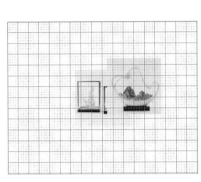 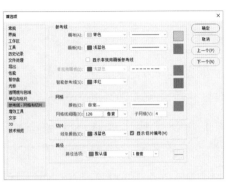 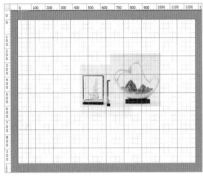

图 1-18　　　　　　　　　图 1-19　　　　　　　　　图 1-20

✏️ **经验之谈**

选择【视图】/【新建参考线】命令，在打开的"新建参考线"对话框中可指定新建参考线的方向和具体位置。

步骤 06 使用相同的方法创建图1-21所示的垂直参考线和水平参考线。为避免在调整图像时改变参考线的位置，可选择【视图】/【锁定参考线】命令锁定参考线。

步骤 07 在工具箱中选择"移动工具" ⊕，将鼠标指针移至"摆件1"图像上方，然后按住鼠标左键不放并拖曳鼠标，将图像移至左下方，与两条参考线对齐，如图1-22所示。

步骤 08 使用相同的方法先将4张图像移至4角的位置，然后将剩余两个图像分别对齐上方和下方的水平参考线，再按【←】键和【→】键微调图像的位置，通过网格观察图像的左右间距，调整后的效果如图1-23所示。

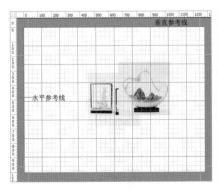 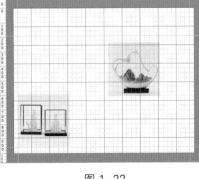 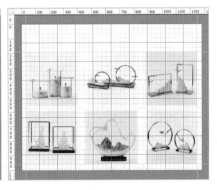

图 1-21　　　　　　　　　图 1-22　　　　　　　　　图 1-23

步骤 09 在工具箱中选择"横排文字工具" T，在工具属性栏中的第一个下拉列表框中选择"方正艺黑简体"字体，在第3个下拉列表框中设置字体大小为"60点"，单击右侧的颜色色块■，在打开的"拾色器"对话框中设置颜色为"#c1a872"，单击 确定 按钮。

步骤⑩ 在画面上方单击插入鼠标光标，输入"— 中式摆件 热卖推荐 —"文字，然后按【Ctrl+Enter】组合键完成输入。使用"移动工具" ✛ 移动文字的位置，使其居中显示。

步骤⑪ 选择【视图】/【清除参考线】命令，并按【Ctrl+'】组合键隐藏网格，效果如图1-24所示。

图 1-24

活动5　保存和关闭文件

　　小艾完成了商品陈列图后，准备将其保存下来便于以后修改，然后将其存储为 JPEG 格式的文件发给老李查看，最后关闭该文件，具体操作如下。

步骤① 选择【文件】/【存储】命令或按【Ctrl+S】组合键，打开"另存为"对话框，在上方设置保存该文件的路径，在下方的"保存类型"下拉列表框中选择"Photoshop（*.PSD;*.PDD;*.PSDT）"选项，如图1-25所示，设置完成后单击 保存(S) 按钮。

步骤② 按【Ctrl+Shift+S】组合键，打开"另存为"对话框，设置保存类型为"JPEG（*.JPG;*.JPEG;*.JPE）"，单击 保存(S) 按钮，打开"JPEG选项"对话框，设置图像的品质为"12"，然后单击 确定 按钮。

微课

保存和关闭文件

✏ 经验之谈

　　保存已存储过的文件时，按【Ctrl+S】组合键将覆盖原始的文件，而按【Ctrl+Shift+S】组合键则可将该文件以其他的保存位置、文件名和格式等进行存储。

步骤③ 保存完毕后单击标题栏中的 ✕ 按钮关闭当前文件。

步骤④ 打开文件的保存位置，可发现其中已经出现了PSD格式和JPG格式的文件（配套资源：效果\项目1\商品陈列图.psd、商品陈列图.jpg），如图1-26所示。

图 1-25

图 1-26

任务 3 编辑图像

任务描述

老李觉得小艾的软件基础操作能力还不错，于是给了小艾两张服装图像和一个套餐搭配模板，要求她对图像进行简单的排版处理。小艾发现两张图像的尺寸不同，因此需要先将图像按一定的比例进行裁剪，改变图像大小，再根据模板变换和移动图像，进行排版操作。

任务实施

↘ 活动1 裁剪图像

为了在不损失图像清晰度的前提下方便后期进行套餐搭配模板的排版，小艾准备先将两张图像都裁剪为1∶1的比例，具体操作如下。

微课

裁剪图像

步骤 01 启动Photoshop CC 2018，单击 打开... 按钮，打开"打开"对话框，选择"上衣.jpg"素材（配套资源：素材\项目1\上衣.jpg），然后单击 打开(O) 按钮。

步骤 02 在工具箱中选择"裁剪工具" 口，然后在图像编辑区中单击，图像上将出现一个裁剪框，如图1-27所示。

步骤 03 通过拖曳裁剪框上的控制点可调整裁剪框的大小，鼠标指针右上方将显示裁剪框的宽度和高度，如图1-28所示。

步骤 04 由于直接拖曳裁剪框不便于裁剪出固定比例的图像，所以，在工具属性栏中的"比例"下拉列表框中选择"1∶1（方形）"选项，裁剪框将变为正方形，如图1-29所示。此时拖曳控制点，裁剪框将进行等比例缩放。

步骤 05 确定好裁剪框的大小后，将鼠标指针移至图像编辑区中，按住鼠标左键不放并向四周拖曳移动图像位置，从而调整裁剪区域。

步骤 06 确定好裁剪区域后，按【Enter】键完成裁剪。使用相同的方法裁剪"长裙.jpg"素材（配套资源：素材\项目1\长裙.jpg），裁剪后的两张图像的效果如图1-30所示。

图 1-27

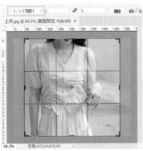
图 1-28

图 1-29

图 1-30

✎ 经验之谈

移动图像时，按住【Shift】键的同时拖曳图像，可以使图像在水平或垂直方向上进行移动。

↘ 活动2 调整图像大小

微课

调整图像大小

小艾发现裁剪后的两张图像虽然比例相同，但尺寸大小并不相同，不利于后面排版，于是打算调整两张图像的图像大小为"180像素×180像素"，具体操作如下。

步骤01 打开"上衣.jpg"文件，选择【图像】/【图像大小】命令，打开"图像大小"对话框，设置宽度和高度均为"180像素"，单击选中"重新采样"复选框，并设置重新采样为"自动"，如图1-31所示。

步骤02 设置完成后单击 确定 按钮，图像将按照设置的大小自动进行重新采样，避免出现模糊的情况。

步骤03 使用相同的方法将"长裙.jpg"文件调整为相同的图像大小。

图1-31

↘ 活动3 变换图像

微课

变换图像

为了增添套餐搭配模板的画面美观度，小艾决定通过变换操作调整套餐搭配模板中的部分图像，具体操作如下。

步骤01 选择【文件】/【打开】命令或按【Ctrl+O】组合键，打开"打开"对话框，选择"套餐搭配模板.psd"文件，然后单击 打开(O) 按钮。

步骤02 选择"移动工具" ⊕，在图像编辑区中选择紫色矩形框，选择【编辑】/【自由变换】命令或按【Ctrl+T】组合键进入自由变换状态，图像周围将出现变换框，如图1-32所示。

步骤03 将鼠标指针移至变换框外的边界，鼠标指针变为↻形状，此时按住鼠标左键不放并拖曳鼠标，可旋转图像，右侧将显示旋转角度，如图1-33所示。

步骤04 为确保紫色矩形框和绿色矩形框的旋转角度相同，在工具属性栏中的"旋转"数值框中输入"45"，如图1-34所示，然后按【Enter】键完成变换。

图1-32   图1-33   图1-34

✐ 经验之谈

在旋转图像时，按住【Shift】键可以15度倍数的度数进行旋转。

步骤05 使用相同的方法将绿色矩形框也旋转45度，效果如图1-35所示。

步骤06 在图像编辑区中选择右侧的"超大折扣""超值套餐"文字，按【Ctrl+T】组合键进入自由变换状态，将鼠标指针移至变换框右上角，当鼠标指针变为 ↖ 形状时，按住【Shift】键的同时按住鼠标左键不放，然后向左下方拖曳，等比例缩小图像，如图1-36所示。

图 1-35　　　　　　　　　　　图 1-36

🖊 经验之谈

在缩放图像时，按住【Shift】键可以等比例缩放图像，按住【Alt】键可以以图像中心为基准缩放图像。

步骤 07 将文字信息向右上方移动一定距离，然后单击鼠标右键，在弹出的快捷菜单中选择"斜切"命令。

步骤 08 将鼠标指针移至变换框上方，当鼠标指针变为 ▷ 形状时，按住鼠标左键不放并向右拖曳，使图像斜切，如图1-37所示。

步骤 09 按【Enter】键完成变换，效果如图1-38所示。

图 1-37　　　　　　　　　　　图 1-38

↘ 活动4　移动图像

小艾整理好模板后，准备将之前调整的图像移动至模板文件中进行排版，具体操作如下。

步骤 01 单击"上衣.jpg"文件的标题栏，在该文件中双击"背景"图层，在打开的"新建图层"对话框中单击 确定 按钮，将该图层转换为普通图层。

微课

移动图像

🖊 经验之谈

背景图层默认被锁定，需要将其转换为普通图层才能进行编辑操作。

步骤 02 选择"移动工具" ⊕，将鼠标指针移至图像编辑区中，然后按住鼠标左键不放，将其拖曳至"套餐搭配模板.psd"文件的标题栏上，如图1-39所示。

步骤 03 此时将切换到"套餐搭配模板.psd"文件，继续拖曳图像至图像编辑区，释放鼠标后图像将添加到鼠标指针所在位置，如图1-40所示。

步骤 **04** 使用相同的方法将"长裙"图像也拖曳至"套餐搭配模板.psd"文件中，适当调整图像的位置，效果如图1-41所示。

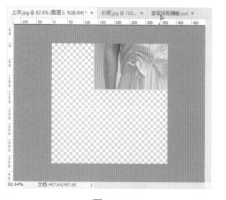

| 图 1-39 | 图 1-40 | 图 1-41 |

↘ 活动5　调整画布大小

小艾排版好图像与文字后，觉得画面的下半部分有点空，于是准备通过调整画布大小的方法进行裁剪，具体操作如下。

微课

调整画布大小

步骤 **01** 将鼠标指针移至上方的标尺处，按住鼠标左键不放并向下拖曳鼠标以创建水平参考线，拖曳参考线至合适位置时查看参数，可选取370像素作为水平参考线的位置。

步骤 **02** 选择【图像】/【画布大小】命令，打开"画布大小"对话框，修改高度为"370像素"，在"定位"处单击第一排中间的方格，如图1-42所示。

步骤 **03** 设置完成后单击 确定 按钮，在打开的提示对话框中单击 继续(P) 按钮，可发现文件的下半部分被裁剪了，效果如图1-43所示。

| 图 1-42 | 图 1-43 |

步骤 **04** 按【Ctrl+S】组合键保存文件（配套资源：效果\项目1\套餐搭配模板.psd）。

素养小课堂

网店美工是随着电子商务不断发展而兴起的职业，其主要工作任务是对店铺和商品图像进行美化与设计，因此需要具有良好的审美能力和创新能力，并且能够熟练使用Photoshop、Illustrator等设计软件。

知识窗

除了缩放、旋转和斜切外，还可通过菜单命令对图像进行一些特殊的变换操作。

1. "变换"命令

选择图像后，选择【编辑】/【变换】命令，在打开的子菜单中可以选择扭曲、透视、变形、水平翻转、垂直翻转等命令变换图像。

- 扭曲：使用鼠标直接拖曳变换框上的控制点可扭曲图像，扭曲图像前后的对比效果如图1-44所示。
- 透视：使用鼠标直接拖曳变换框上的控制点可透视图像，如图1-45所示。
- 变形：使用鼠标直接拖曳变换框上的控制点或网格中的点可变形图像，如图1-46所示。

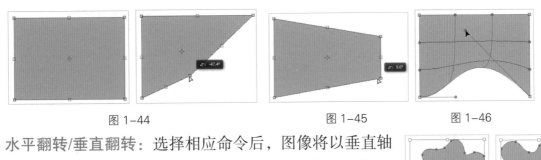

图 1-44　　　　　　图 1-45　　　　　　图 1-46

- 水平翻转/垂直翻转：选择相应命令后，图像将以垂直轴或水平轴进行翻转。图1-47所示为水平翻转图像前后的对比效果。

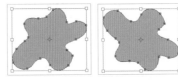

图 1-47

2. "内容识别缩放"命令

选择图像后，选择【编辑】/【内容识别缩放】命令或按【Alt+Shift+Ctrl+C】组合键，拖曳图像周围的控制点可改变图像大小，Photoshop 将自动使图像中的重要内容区域保持不变。图 1-48 所示为图像内容识别缩放前后的效果。

图 1-48

3. "操控变形"命令

选择图像后，选择【编辑】/【操控变形】命令，图像中将显示网格，在图像上单击可添加控制变形的"图钉" ◉，移动"图钉" ◉的位置即可变形图像。操控变形图像前后的对比效果如图 1-49 所示。

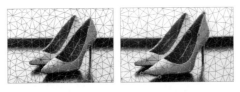

图 1-49

同步实训

↘ 实训1　调整茶几主图大小

实训要求

　　某木质家具店铺需要将拍摄的商品图片上传到淘宝网中展示，而淘宝网的主图尺寸通常为800像素 ×800像素，大小则不超过500KB，因此需要按相关规定调整拍摄的商品图片大小，再将其导出为 JPG 格式，调整前后的效果如图 1–50 所示。

图 1–50

实训提示

步骤 01 打开"茶几.jpg"素材（配套资源：素材\项目1\茶几.jpg），选择"裁剪工具" ⼝，设置裁剪比例为"1：1（方形）"，然后在图像编辑区中单击，再调整图像的位置，最后按【Enter】键完成裁剪。

步骤 02 选择【图像】/【图像大小】命令，打开"图像大小"对话框，设置宽度和高度均为"800像素"，然后单击 确定 按钮。

步骤 03 按【Ctrl+Shift+S】组合键打开"另存为"对话框，设置保存路径和保存类型后，单击 保存(S) 按钮，打开"JPEG选项"对话框，单击选中"预览"复选框，在其下方可显示文件体积，适当调整品质参数，确定文件体积小于500KB后，单击 确定 按钮（配套资源：效果\项目1\茶几.jpg）。

↘ 实训2　排版男士皮鞋展示图

实训要求

　　某男士皮鞋店铺需要制作商品展示图放置在商品详情页中，使消费者能够通过该展示图了解商品的详细信息，要求展现出多角度拍摄的商品图像，以及相关的商品信息，该展示图的尺寸要求为750像素 ×600像素，参考效果如图 1–51 所示。

图 1–51

实训提示

步骤 01 打开"男士皮鞋.jpg"素材（配套资源：素材\项目1\男士皮鞋.jpg），使用"裁剪工具"⊔将图像裁剪为1：1的大小。

步骤 02 新建大小为"750像素×600像素"，分辨率为"72像素/英寸"，名称为"男士皮鞋展示图"的文件。

步骤 03 新建位置为"40像素"的水平参考线和"710像素"的垂直参考线，将裁剪后的"男士皮鞋"图像添加至"男士皮鞋展示图"文件中，并与参考线对齐，如图1-52所示。

步骤 04 新建位置为"40像素"的垂直参考线，然后置入"商品信息.jpg"素材（配套资源：素材\项目1\商品信息.jpg），适当调整大小，将其移动至左上角参考线位置，如图1-53所示。

步骤 05 选择"横排文字工具"**T**，设置字体为"方正黑体简体"，字体大小为"24像素"，文字颜色为"黑色"，在图像左侧输入图1-54所示的文字。

图 1-52

图 1-53

图 1-54

步骤 06 新建位置为"560像素"的水平参考线，依次置入"侧面.jpg""上面.jpg""底面.jpg"素材（配套资源：素材\项目1\侧面.jpg、上面.jpg、底面.jpg），并将它们分别与参考线对齐，如图1-55所示。

步骤 07 清除所有参考线，按【Ctrl+S】组合键保存文件（配套资源：效果\项目1\男士皮鞋展示图.psd）。

图 1-55

项目小结

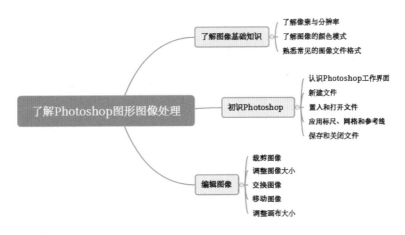

项目 2
创建与编辑选区

　　小艾制作的商品陈列图和展示图获得了老李的认可，老李认为小艾的图像处理基础不错，于是将一些需要简单处理的商品图像交给她，让她抠出里面的商品，再制作店招与导航条、直通车推广图及活动海报等网店需要的效果图。

➡ 知识目标

- 掌握使用不同工具创建选区的方法。
- 掌握编辑选区的方法。

➡ 技能目标

- 能制作店招与导航条、直通车推广图。
- 能制作活动海报。

➡ 素养目标

- 提高分析图像作品的能力。
- 培养认真、细致的工作态度。

任务 1 创建选区

任务描述

老李让小艾制作服装店铺的店招与导航条，以及原汁机直通车推广图，并且还告诉小艾在制作时可以灵活使用选框工具组、套索工具组等创建选区的工具。

知识窗

在创建选区时，需要充分掌握创建选区的不同工具，以及对应工具属性栏中的参数设置。

1. 创建选区的工具

创建选区的工具主要有选框工具组、套索工具组、快速选择工具和魔棒工具，用户可根据需要选择适合的工具进行操作。

（1）选框工具组

使用选框工具组可以创建形状规则的选区，选框工具组包括以下 4 个工具。

- "矩形选框工具" □：用于创建矩形形状的选区。
- "椭圆选框工具" ○：用于创建椭圆形状的选区。
- "单行选框工具" ⋯：用于创建高度为1像素的选区
- "单列选框工具" ⋮：用于创建宽度为1像素的选区。

（2）套索工具组

使用套索工具组可以创建形状不规则的选区，套索工具组包括以下 3 个工具。

- "套索工具" ♀：用于快速创建不规则选区，常用于对选区边缘精度要求不高的图像。
- "多边形套索工具" ▷：用于创建边界为直线的不规则选区，常用于选区较为规则的图像。
- "磁性套索工具" ▷：用于创建不规则选区，常用于选区与背景对比强烈且边缘复杂的图像。

（3）快速选择工具

使用"快速选择工具" ☞可以对图像进行涂抹以快速创建选区。

（4）魔棒工具

使用"魔棒工具" ☞可以针对图像中颜色相似的不规则形状创建选区。

2. 工具属性栏

创建选区的工具的工具属性栏都相似，此处以"矩形选框工具" □的工具属性栏（见图 2-1）为例进行介绍。

图2-1

● "新选区"按钮▯：单击该按钮，在图像编辑区中创建的选区都将是新选区。若之前已存在选区，则创建的新选区将替代原有的选区。

● "添加到选区"按钮▯：单击该按钮，鼠标指针将变为▯形状，此时在图像编辑区中可以同时创建多个选区，不同的选区可以合并为一个区域，如图2-2所示。按住【Shift】键的同时创建选区可达到同样的效果。

● "从选区减去"按钮▯：单击该按钮，鼠标指针将变为▯形状，此时在图像编辑区中创建的选区若与之前的选区有重合区域，则该区域将从之前的选区中减去，如图2-3所示。按住【Alt】键的同时创建选区可达到同样的效果。

● "与选区交叉"按钮▯：单击该按钮，鼠标指针将变为▯形状，此时在图像编辑区中创建的选区若与之前的选区有重合区域，则只保留该重合区域，如图2-4所示。

图2-2   图2-3   图2-4

● 羽化：用于设置选区边缘的柔化程度。其数值范围为0~255，该值越大，柔化程度越高；反之则越低。

● "消除锯齿"复选框：单击选中该复选框，可以平滑选区的边缘效果。

● "样式"下拉列表：在该下拉列表中可选择矩形选区的创建方法。选择"正常"选项，可创建任意大小的矩形选区；选择"固定比例"或"固定大小"选项，可激活"宽度"和"高度"数值框，在其中可设置具体的比例或大小。

● ▯ 选择并遮住 ▯ 按钮：单击该按钮，将进入"选择并遮住"工作区，在其中可设置选区边缘的半径、对比度、羽化程度等。

任务实施

↘ 活动1 使用选框工具组创建

店招与导航条的主要作用是展示店铺名称、商品等，并提供访问店铺各个功能模块的快速通道。老李让小艾为"以舒服装"店铺制作店招与导航条，小艾打算先使用选框工具组进行布局，然后通过创建不同形状的选区、描边与填充选区、减去选区等操作制作出店招与导航条的整体样式，具体操作如下。

微课

使用选框工具组
创建

步骤 **01** 新建大小为"950像素×150像素"，分辨率为"72像素/英寸"，名称为"服装店店招与导航条"的文件，将"背景"图层填充为"#e7f3f5"颜色。

步骤 **02** 新建位置为"120像素"的水平参考线，其上方为店招区域，下方为导航条区域。

步骤 **03** 分别新建位置为"100像素""250像素""400像素""550像素""700像素""850像素"的垂直参考线。

步骤 **04** 选择"矩形选框工具"，将鼠标指针移至导航条区域的左上角，按住鼠标左键不放并拖曳至右下角，创建出矩形选区，如图2-5所示。

步骤 **05** 设置背景色为"#6f82a1"，按【Ctrl+Delete】组合键将选区填充为背景色，效果如图2-6所示，然后按【Ctrl+D】组合键取消选区。

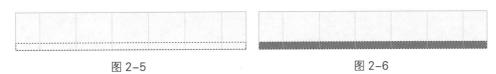

图 2-5　　　　　　　　　　　　　　　图 2-6

经验之谈

除了使用填充背景色的方法填充选区，还可以在创建选区后单击鼠标右键，在弹出的快捷菜单中选择"填充"命令，打开"填充"对话框，在"内容"下拉列表中可选择前景色、背景色、图案、内容识别等进行填充，还可设置填充的混合模式和不透明度。

步骤 **06** 按住【Alt】键的同时向上滑动鼠标滚轮，以放大画面，然后使用"矩形选框工具"在导航条区域左侧的两个垂直参考线之间绘制一个矩形，填充为"#c0d9e5"颜色后按【Ctrl+D】组合键取消选区，如图2-7所示。

步骤 **07** 选择"横排文字工具"，设置字体为"方正黑体简体"，字体大小为"18像素"，文字颜色为"#6f82a1"，在步骤06绘制的矩形内输入"首页"文字，然后修改文字颜色为"#e2eff1"，再在右侧的各个区域中输入图2-8所示的文字。

图 2-7　　　　　　　　　　　　　　　图 2-8

步骤 **08** 选择"椭圆选框工具"，在步骤06绘制的矩形上方绘制一个椭圆选区，然后按住【Alt】键的同时再次在右侧绘制一个椭圆选区，以减去第一个椭圆选区的部分区域，如图2-9所示。

步骤 **09** 减去选区后的效果如图2-10所示，然后在右侧的"图层"面板中单击"创建新图层"按钮新建图层，然后将选区填充为"#6f82a1"颜色，如图2-11所示。按【Ctrl+D】组合键取消选区。

步骤 **10** 选择"横排文字工具"，设置字体为"方正卡通简体"，字体大小为"24像素"，文字颜色为"#6f82a1"，在裁剪的选区内侧输入"以舒服装"文字。

步骤 **11** 修改字体为"方正黑体简体"，字体大小为"14像素"，在店铺名称右侧输入图2-12所示的文字。

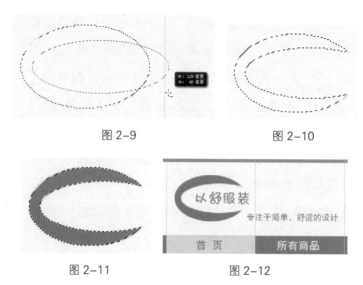

图 2-9　　　　　　　　　　　　图 2-10

图 2-11　　　　　　　　　　　　图 2-12

步骤 12 新建图层，使用"矩形选框工具"□在右侧的两个参考线之间绘制一个矩形选区作为搜索框，然后单击鼠标右键，在弹出的快捷菜单中选择"描边"命令，打开"描边"对话框。

步骤 13 设置描边宽度为"2像素"，描边颜色为"6f82a1"，位置为"居中"，如图2-13所示，然后单击 确定 按钮，效果如图2-14所示。

步骤 14 按【Ctrl+D】组合键取消选区，置入"搜索.png"素材（配套资源：素材/项目2/搜索.png），适当调整图像大小，将其放置于搜索框内的右侧位置。

步骤 15 选择"横排文字工具"T，修改字体大小为"12像素"，在搜索框内左侧输入"搜索本店"文字，如图2-15所示。

图 2-13　　　　　　　　　　图 2-14　　　　　　　　　　　图 2-15

📖 素养小课堂

店招与导航条除了要方便消费者查看，还应适当植入品牌形象，展示出品牌Logo，并抓住商品定位，以吸引目标消费者进入店铺。

↘ 活动2　使用魔棒工具创建

店招中间部分的空白区域较多，小艾思考后认为可以添加店铺的衣服，展示店铺商品，于是准备使用魔棒工具抠取衣服，再在其右侧添加价格信息，具体操作如下。

步骤 01 打开"服装1.jpg"素材（配套资源：素材/项目2/服装1.jpg），选择"魔棒工具"✨，在工具属性栏中设置容差为"30"，然后在图像中的空白

微课

使用魔棒工具创建

区域单击，Photoshop将为所有相邻的白色区域创建选区，如图2-16所示。

步骤 **02** 按【Ctrl+Shift+I】组合键反选选区，为该图像中未选择的区域创建选区，如图2-17所示。

步骤 **03** 按【Ctrl+J】组合键将选区内容复制到新图层中，然后使用"移动工具" ✛ 将抠取的服装图像拖曳至"服装店店招与导航条"文件中。

步骤 **04** 使用相同的方法将"服装2.jpg～服装4.jpg"素材（配套资源：素材/项目2/服装2.jpg～服装4.jpg）中的服装抠取出来，然后移至"服装店店招与导航条"文件中。

步骤 **05** 按住【Shift】键，使用"移动工具" ✛ 选择所有服装，然后统一调整大小，再适当调整位置，效果如图2-18所示。

图 2-16　　　　　图 2-17　　　　　　图 2-18

步骤 **06** 新建图层，选择"椭圆选框工具" ○，按住【Shift】键在服装右侧绘制一个正圆选区，并将其填充为"#ef5959"颜色。

步骤 **07** 选择"横排文字工具" T，在红色选区中分别输入"¥"和"69"文字，分别设置字体大小为"14像素""18像素"。

步骤 **08** 按【Ctrl+D】组合键取消选区，按【Ctrl+;】组合键隐藏参考线，效果如图2-19所示（配套资源：效果/项目2/服装店店招与导航条.psd），按【Ctrl+S】组合键保存文件。

图 2-19

↘ 活动3　使用快速选择工具创建

制作完服装店铺的店招与导航条后，小艾继续制作原汁机直通车推广图。直通车是淘宝提供的一个推广工具，可以帮助商家提高商品销量，也可以为店铺引流。直通车推广图是为了提高商品点击率而制作的推广图，其尺寸有1∶1、2∶3和3∶4等比例。为了更好地展示商品，达到引流的目的，小艾准备制作1∶1大小的原汁机直通车推广图，需要先使用快速选择工具将商品以及装饰物品抠取出来，具体操作如下。

微课

使用快速选择
工具创建

步骤 **01** 打开"原汁机.png"素材（配套资源：素材\项目2\原汁机.png），选择"快速选择工具" ☑，在工具属性栏中单击"添加到选区"按钮☑，设置画笔大小为"20像素"，硬度为"100%"，如图2-20所示。

步骤 **02** 将鼠标指针移至图像编辑区中原汁机所在区域，按住鼠标左键不放并拖曳鼠标，如图2-21所示。

步骤 **03** 此时，原汁机仍有部分区域未被选中，可按住【Alt】键的同时向上滑动鼠标滚轮，以放大画面，然后继续创建选区，最终创建的选区如图2-22所示。

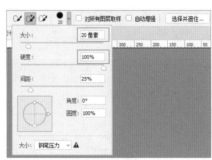
图2-20

图2-21

图2-22

✏️ **经验之谈**

在使用"快速选择工具" 选取图像时，在英文输入法的模式下，按【]】键可增大画笔大小，按【[】键可减小画笔大小。

步骤 **04** 按【Ctrl+J】组合键将选区内容复制到新图层中，为制作推广图做好准备。

步骤 **05** 打开"橘子.png"素材（配套资源：素材\项目2\橘子.png），使用"快速选择工具" 涂抹橘子部分以创建选区，然后放大橘子的右上角，可发现部分白色背景也被选中，如图2-23所示。

步骤 **06** 先按【[】键适当缩小画笔大小，然后按住【Alt】键的同时涂抹白色背景区域以删除选区，如图2-24所示。

步骤 **07** 删除选区后的效果如图2-25所示，使用此方法继续调整其他区域的选区，选区的最终效果如图2-26所示。按【Ctrl+J】组合键将选区内容复制到新图层中。

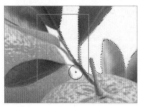
图2-23

图2-24

图2-25

图2-26

步骤 **08** 分别打开"标签.jpg""橙汁.jpg"素材（配套资源：素材\项目2\标签.jpg、橙汁.jpg），继续使用"快速选择工具" 创建选区，如图2-27所示，然后按【Ctrl+J】组合键将选区内容复制到新图层中。

图2-27

↘ 活动4 使用套索工具组创建

小艾将所有需要的素材抠取出来后，准备使用套索工具组创建并填充不规则的选区，以优化直通车推广图单调的背景，再绘制一些装饰元素，提升直通车推广图的美观度，以吸引消费者点击，具体操作如下。

微课

使用套索工具组创建

步骤 01 新建大小为"800像素×800像素"，分辨率为"72像素/英寸"，名称为"原汁机直通车推广图"的文件，将"背景"图层填充为"#faftf2"颜色。

步骤 02 选择"套索工具"♀，在图像编辑区左上角按住鼠标左键不放，然后拖曳鼠标直接绘制不规则的选区，如图2-28所示。

✏ 经验之谈

若绘制的效果不太理想，可按【Ctrl+D】组合键取消选区后重新绘制。

步骤 03 新建图层，将创建的选区填充为"#ffc561"颜色，如图2-29所示，然后取消选区。

步骤 04 继续使用"套索工具"♀在右下角创建不规则选区，再将其填充为"#ffc561"颜色，效果如图2-30所示，然后取消选区。

步骤 05 将活动3中抠取的图像都拖曳到"原汁机直通车推广图"文件中，适当调整大小和位置，效果如图2-31所示。

 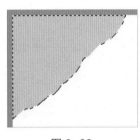  

图 2-28   图 2-29   图 2-30   图 2-31

步骤 06 选择"横排文字工具"T，设置字体为"方正大黑简体"，字体大小为"70像素"，文字颜色为"#a75b28"，在左上角输入"智能原汁机"文字。

步骤 07 修改字体为"方正黑体简体"，字体大小为"34像素"，在"智能原汁机"文字下方输入"即榨即饮 健康生活"文字，并使用"移动工具"✛调整文字位置，效果如图2-32所示。

步骤 08 选择"多边形套索工具"♥，在橙汁图像上方单击以创建锚点，然后将鼠标向左上方移动，再次单击以创建锚点，如图2-33所示。

步骤 09 继续将鼠标向右下方移动，单击以创建三角形的第3个锚点，然后将鼠标指针移至创建的第一个锚点处，鼠标指针将变为ⅰ形状。单击后将自动闭合选区，如图2-34所示。

步骤 10 使用相同的方法继续在橙汁图像上方创建三角形选区，如图2-35所示。

步骤 11 新建图层，将创建的选区填充为"#f2b346"颜色，如图2-36所示。

步骤 12 按【Ctrl+D】组合键取消选区，效果如图2-37所示（配套资源：效果/项目2/原汁机直通车推广图.psd），按【Ctrl+S】组合键保存文件。

图 2-32

图 2-33

图 2-34

图 2-35

图 2-36

图 2-37

任务 2　编辑选区

任务描述

店招与导航条、直通车推广图制作完成后，老李让小艾为一家名为"萌宠知物"的宠物用品店铺制作活动海报。此外，老李还提醒小艾，若通过创建选区的方法无法一次性得到需要的形状，可以试着通过编辑选区的方法调整选区，以达到需要的效果。

任务实施

↘ 活动1　羽化选区

小艾准备先抠取宠物图像，然后制作海报背景，但由于直接创建的选区边缘较为生硬，所以需要通过羽化选区的方法进行调整，具体操作如下。

步骤 01　打开"宠物.jpg"素材（配套资源：素材\项目2\宠物.jpg），使用"快速选择工具" 在宠物身上进行涂抹，因为宠物带有毛发，所以创建的选区边缘较为生硬，如图2-38所示。

步骤 02　创建选区后，选择【选择】/【修改】/【羽化】命令或按【Shift+F6】组合键，在打开的"羽化选区"对话框中设置羽化半径为"5像素"，然后单击 确定 按钮，再按【Ctrl+J】组合键将选区内容复制到新图层中，完成的抠图效果如图2-39所示。

微课

羽化选区

步骤 **03** 新建大小为"500像素×800像素",分辨率为"72像素/英寸",名称为"宠物用品活动海报"的文件,将"背景"图层填充为"#eaac41"颜色。

步骤 **04** 使用"椭圆选框工具"◯在画面下方绘制图2-40所示的椭圆选区。

  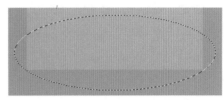

图2-38 　　　　　　图2-39 　　　　　　　　　图2-40

步骤 **05** 按【Shift+F6】组合键,在打开的"羽化选区"对话框中设置羽化半径为"10像素",如图2-41所示,单击 确定 按钮,然后将选区填充为"#faeaaa"颜色,再取消选区,效果如图2-42所示。

步骤 **06** 将抠取的宠物图像拖曳到"宠物用品活动海报"文件中,适当调整大小和位置,效果如图2-43所示。

步骤 **07** 选择"横排文字工具" **T**,设置字体为"方正卡通简体",字体大小为"96像素",文字颜色为"黑色",在画面上方输入"萌宠知物"文字。

步骤 **08** 新建位置为"250像素"的垂直参考线,使文字以参考线为轴居中对齐,如图2-44所示。

图2-41 　　　　　　图2-42 　　　　　　图2-43 　　　　　　图2-44

↘ 活动2 扩展选区

小艾决定通过扩展选区的方法为文字添加描边的效果,再移动文字的位置,使海报标题更具立体感,增加海报的美观度,具体操作如下。

步骤 **01** 按住【Ctrl】键不放,在"图层"面板中单击"萌宠知物"图层左侧的图层缩览图,以创建该文字形状的选区,如图2-45所示。

微课

扩展选区

步骤 **02** 选择【选择】/【修改】/【扩展】命令，打开"扩展选区"命令，设置扩展量为"4像素"，如图2-46所示，单击 确定 按钮，选区将向外进行扩展，如图2-47所示。

图 2-45　　　　　图 2-46　　　　　图 2-47

步骤 **03** 新建图层，选择任意一个创建选区的工具，在选区上单击鼠标右键，在弹出的快捷菜单中选择"描边"命令，打开"描边"对话框，设置描边宽度为"1像素"，描边颜色为"黑色"，位置为"居中"，如图2-48所示，单击 确定 按钮，取消选区，效果如图2-49所示。

步骤 **04** 使用"移动工具" 将原来的文字向右下角移动一定距离，使整体效果更加立体，效果如图2-50所示，最后清除参考线。

图 2-48　　　　　图 2-49　　　　　图 2-50

↘ 活动3　移动和变换选区

为了丰富活动海报的画面效果，小艾打算通过移动和变换选区制作边框及其他装饰元素，具体操作如下。

微课

移动和变换选区

步骤 **01** 新建位置为"20像素"的水平参考线和垂直参考线。

步骤 **02** 选择"矩形选框工具" ，创建一个与海报等大的矩形选区，然后选择【选择】/【变换选区】命令，选区周围将显示变换框。

步骤 **03** 将鼠标指针移至变换框左上角的控制点，当鼠标指针变为 形状时，按住【Alt】键的同时，按住鼠标左键不放并拖曳鼠标至参考线的交点位置，如图2-51所示。

步骤 **04** 调整好选区的形状后，按【Enter】键完成变换，然后新建图层。

步骤 **05** 在选区上单击鼠标右键，在弹出的快捷菜单中选择"描边"命令，打开"描边"对话框，设置描边宽度为"4像素"，描边颜色为"白色"，位置为"居中"，单击 确定 按钮，取消选区，效果如图2-52所示。

步骤 **06** 新建图层，使用"椭圆选框工具" 在"萌"文字下方绘制一个正圆，并填充为"#faeaaa"颜色。

步骤 **07** 选择【选择】/【变换选区】命令，按住【Alt+Shift】组合键的同时将变换框左上角的控制点向左上方拖曳，等比例放大选区，如图2-53所示。

步骤 **08** 调整好选区后，按【Enter】键完成变换，然后在该选区上单击鼠标右键，在弹出的快捷菜单中选择"描边"命令，打开"描边"对话框，设置描边宽度为"4像素"，描边颜色为"白色"，位置为"居中"，单击"确定"按钮，取消选区，效果如图2-54所示。

图 2-51

图 2-52

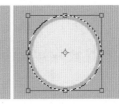
图 2-53

图 2-54

步骤 **09** 在"图层"面板中按住【Ctrl】键的同时单击绘制的圆形所在图层左侧的图层缩览图，以创建选区。

步骤 **10** 将鼠标指针移至选区中间，当鼠标指针变为▶形状时，按住鼠标左键不放，将其拖曳至下方位置，如图2-55所示，然后释放鼠标。

步骤 **11** 设置背景色为"#faeaaa"颜色，将移动后的选区填充为背景色，如图2-56所示。

步骤 **12** 再次将选区向右上方拖曳，并填充为背景色，然后取消选区。

步骤 **13** 选择"横排文字工具"**T**，设置字体为"方正黑体简体"，字体大小为"26像素"，文字颜色为"黑色"，在3个圆中间分别输入"玩具""食物""清洁"文字。

步骤 **14** 修改字体大小为"34像素"，文字颜色为"白色"，在右侧输入"新品上市 全场7折"文字，如图2-57所示。

步骤 **15** 置入"爪印.png"素材（配套资源：素材\项目2\爪印.png），适当调整大小，并将其旋转一定角度，再放置于海报左上角，效果如图2-58所示（配套资源：效果\项目2\宠物用品活动海报.psd），按【Ctrl+S】组合键保存文件。

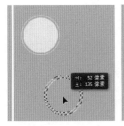
图 2-55

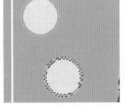
图 2-56

图 2-57

图 2-58

知识窗

除了在上述步骤中所使用的选区编辑的方法外，还有以下 5 种选区编辑的方法。

● 边界选区：边界选区可以在现有选区边界的内部和外部区域创建具有一定宽度的选区。其操作方法如下：创建选区后，选择【选择】/【修改】/【边界】命令，打开"边界选区"对话框，在其中设置宽度后单击 [确定] 按钮。图2-59所示为设置"20像素"宽度的选区前后对比效果。

● 平滑选区：平滑选区可以消除选区边缘的锯齿，使其变得连续而平滑。其操作方法如下：创建选区后，选择【选择】/【修改】/【平滑】命令，打开"平滑选区"对话框，在其中设置取样半径后单击 [确定] 按钮。图2-60所示为设置"20像素"取样半径的选区前后对比效果。

图 2-59   图 2-60

● 收缩选区：与扩展选区相反，收缩选区可以将现有选区向内进行收缩，以缩小选区范围。其操作方法如下：创建选区后，选择【选择】/【修改】/【收缩】命令，打开"收缩选区"对话框，在其中设置收缩量后单击 [确定] 按钮。图2-61所示为设置"10像素"收缩量的选区前后对比效果。

● 存储选区：在处理图像的过程中，可以将选区存储到文件中，以便下次使用。其操作方法如下：创建选区后，选择【选择】/【存储选区】命令，打开图2-62所示的"存储选区"对话框，在其中设置相应的参数后单击 [确定] 按钮即可将选区存储到文件中。

● 载入选区：当需要载入存储的选区时，可选择【选择】/【载入选区】命令，打开图2-63所示的"载入选区"对话框，在其中设置相应的参数后单击 [确定] 按钮即可载入对应的选区。

图 2-61   图 2-62   图 2-63

同步实训

↘ 实训1　制作糖果店店招与导航条

实训要求

　　觅甜糖果铺需要制作店招与导航条，让消费者既能够了解店铺的主要信息，又能够快速找到需要的商品。要求店招与导航条的尺寸为950像素×150像素，展现出店铺名称和热销商品，风格与店铺商品一致，参考效果如图2-64所示。

图 2-64

实训提示

步骤 01 新建大小为"950像素×150像素"，分辨率为"72像素/英寸"，名称为"糖果店店招与导航条"的文件，将"背景"图层填充为"#ffdede"颜色。

步骤 02 新建位置为"120像素"的水平参考线和位置为"100像素""250像素""400像素""550像素""700像素""850像素"的垂直参考线。

步骤 03 新建图层，使用"矩形选框工具"▭为导航条区域创建选区，填充为"#ce7585"颜色，然后取消选区。

步骤 04 使用"横排文字工具"**T**在导航条中分别输入图2-65所示的文字，适当调整文字大小。

步骤 05 新建图层，使用"矩形选框工具"▭在"首页"文字下方绘制一个高度为"1像素"的矩形选区，将其填充为"白色"，然后取消选区。

步骤 06 置入"糖果.png"素材（配套资源：素材\项目2\糖果.png），将其旋转一定角度，放置在店招左侧。

步骤 07 使用"横排文字工具"**T**在糖果图像右侧输入"觅甜糖果铺"文字，设置字体为"汉仪雪峰体简"，适当调整大小和位置，如图2-66所示。

图 2-65　　　　　　　　　　　　　　　图 2-66

步骤 08 打开"糖果1.jpg"素材（配套资源：素材\项目2\糖果1.jpg），使用"快速选择工具"▨为糖果图像创建选区，如图2-67所示，然后按【Ctrl+J】组合键将其复制到新图层中。

步骤 09 打开"糖果2.jpg"素材（配套资源：素材\项目2\糖果2.jpg），使用相同的方法抠取糖果图像，如图2-68所示。

步骤 10 将抠取的两张糖果图像拖曳至"糖果店店招与导航条"文件中，适当调整大小和位置，然后使用"横排文字工具" T 在图像下方输入图2-69所示的文字。

图2-67　　　　　图2-68　　　　　　　　　图2-69

步骤 11 新建图层，使用"矩形选框工具" 在右侧绘制一个矩形选区，将其填充为"白色"后取消选区。

步骤 12 置入"关注.png"素材（配套资源：素材\项目2\关注.png），适当调整大小，将其放置在步骤11绘制的矩形内。

步骤 13 使用"横排文字工具" T 在矩形内输入"关注我们"文字，在矩形上方输入"生活需要一点甜"文字。完成后清除所有参考线，最终效果如图2-70所示（配套资源：效果\项目2\糖果店店招与导航条.psd）。

图2-70

↘ 实训2　制作狗粮商品主图

实训要求

　　临近购物节，某狗粮店铺需要制作狗粮的主图用于宣传，要求尺寸为800像素×800像素，将提供的狗粮和小狗素材都展现在主图中，并展示商品卖点及活动详情，参考效果如图2-71所示。

图2-71

实训提示

步骤 01 新建大小为"800像素×800像素"，分辨率为"72像素/英寸"，名称为"狗粮商品主图"的文件，将"背景"图层填充为"#fff2f2"颜色。

步骤 02 打开"狗粮.jpg"素材（配套资源：素材\项目2\狗粮.jpg），使用"魔棒工具" 选取图像中的白色区域，然后反选选区，再将选区复制到新图层中。

步骤 03 打开"小狗.jpg"素材（配套资源：素材\项目2\小狗.jpg），使用"快速选择工具" 为小狗创建选区，并适当进行羽化，然后将选区复制到新图层中。

步骤 04 打开"狗粮2.jpg"素材（配套资源：素材\项目2\狗粮2.jpg），使用相同的方法抠取狗粮图像并适当进行羽化。

步骤 05 将抠取的图像添加至"狗粮商品主图"文件中，适当调整大小和位置，如图2-72所示。

步骤 06 新建图层，使用"矩形选框工具"▭框选整个画面，然后在选区内部进行描边，制作边框效果，再取消选区。

步骤 07 新建图层，使用"多边形套索工具"▽在图像编辑区底部绘制图2-73所示的形状，填充颜色后取消选区。

步骤 08 使用"横排文字工具"T在右上角输入"中小型犬狗粮"文字，然后为文字形状创建选区。

步骤 09 新建图层，对选区进行描边，为文字制作边框效果，然后取消选区，如图2-74所示。

步骤 10 新建图层，使用"矩形选框工具"▭在左上角绘制一个矩形，并填充颜色，然后取消选区。

步骤 11 使用"横排文字工具"T输入图2-75所示的文字，适当调整大小和位置，按【Ctrl+S】组合键保存文件（配套资源：效果\项目2\狗粮商品主图.psd）。

图 2-72

图 2-73

图 2-74

图 2-75

↘ 实训3 制作秋冬服装促销Banner

实训要求

　　某网站准备为一批秋冬服装举办促销活动，需要制作促销 Banner，要求尺寸为 750 像素×390 像素，画面采用符合秋冬的色调，在 Banner 中着重展现具体的活动信息，并添加优惠券的领取按钮，使消费者能够直接通过点击按钮进行领取，参考效果如图 2-76 所示。

图 2-76

实训提示

步骤 01 新建大小为"750像素×390像素"，分辨率为"72像素/英寸"，名称为"秋冬服装促销Banner"的文件，将"背景"图层填充为"#f3dacb"颜色。

步骤 02 新建图层，使用"多边形套索工具"▽在Banner上方创建一个三角形的选区，将其填充为"#f5d2b9"颜色。

步骤 03 通过"变换选区"命令将选区移至Banner下方，然后水平和垂直翻转选区，再将选区填充为"#f5d2b9"颜色，取消选区，效果如图2-77所示。

图 2-77

步骤 04 使用"横排文字工具" **T** 在左侧输入"秋冬服装大促"文字，然后为文字形状创建选区。

步骤 05 新建图层，对选区进行描边，为文字制作描边效果，然后取消选区，如图2-78所示。

步骤 06 新建图层，使用"矩形选框工具"⬚在文字下方创建一个矩形选区，并填充颜色。

步骤 07 选择"椭圆选框工具"○，在矩形左侧创建一个正圆选区，通过"变换选区"命令使其高度与矩形相等，再为其填充颜色。

步骤 08 再将正圆选区平移至矩形右侧，调整好位置后再次填充颜色，取消选区。然后使用"横排文字工具" **T** 在上方输入图2-79所示的文字。

步骤 09 新建图层，使用"矩形选框工具"⬚在下方创建一个较大的选区并填充颜色，通过"变换选区"命令将其向右移动并缩小宽度，再填充其他颜色。

步骤 10 取消选区后，使用"横排文字工具" **T** 分别在两个矩形中输入图2-80所示的文字，适当调整大小和位置。

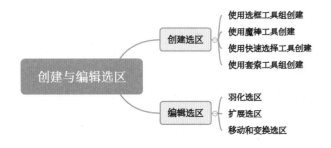

图 2-78　　　　　　　　图 2-79　　　　　　　　图 2-80

步骤 11 新建图层，在右侧创建一个较大的选区，将其旋转一定角度后再填充颜色，然后取消选区。

步骤 12 打开"秋冬服装.jpg"素材（配套资源：素材\项目2\秋冬服装.jpg），使用"快速选择工具"◗为服装创建选区，然后将其复制到新图层中。

步骤 13 将抠取的服装图像拖曳至"秋冬服装促销Banner"文件中，适当调整大小和位置，最终效果如图2-81所示（配套资源：效果\项目2\秋冬服装促销Banner.psd）。

图 2-81

项目小结

创建与编辑选区
- 创建选区
  - 使用选框工具组创建
  - 使用魔棒工具创建
  - 使用快速选择工具创建
  - 使用套索工具组创建
- 编辑选区
  - 羽化选区
  - 扩展选区
  - 移动和变换选区

项目 3
应用图层

　　临近购物节，公司接到的设计工单数量越来越多，于是老李决定将显示屏主图制作和护肤品海报制作两个简单的任务交给小艾，锻炼小艾灵活应用图层的创建与编辑操作，以及通过图层样式美化图片效果的能力，从而提高小艾的制图能力。

➡ 知识目标

- 掌握图层的创建与编辑操作。
- 熟悉图层的图层样式。

➡ 技能目标

- 能通过编辑图层的方法制作主图。
- 能应用不同的图层样式制作海报。

➡ 素养目标

- 培养良好的设计素材管理习惯。
- 通过主图的制作，提高设计不同类型主图的能力。

任务 1　创建与编辑图层

任务描述

　　老李让小艾先制作显示屏主图，并且为了提高小艾的制作速度，还提供了一个主图模板。小艾打开这个主图模板后，发现模板中的图层较多且显示效果较为混乱，因此需要先对模板中的图层进行编辑和管理，然后根据商品的特点，通过设置图层的混合模式和不透明度，制作出视觉效果美观的显示屏主图。

知识窗

　　图层可以看作是透明的纸张，在纸张上绘制图像后将多个纸张叠放在一起，透过上层纸张中的透明区域能看到下层纸张中的图像。图层中包括文本、图像、图形等内容，用户可以对每个图层中的对象进行编辑，而其他图层中的对象不会改变。

　　在 Photoshop 中，图层主要通过"图层"面板进行查看和管理，如图 3-1 所示。

　　"图层"面板中的主要选项介绍如下。

图 3-1

● "图层类型"下拉列表框：在该下拉列表框中选择一种图层类型，"图层"面板中将只显示该类型的图层。

● "图层混合模式"下拉列表框：在该下拉列表框中可设置当前图层的混合模式，使其与下层图层产生混合效果。

● "锁定"栏：在该栏中单击"锁定透明像素"按钮▨可锁定图层中的透明像素；单击"锁定图像像素"按钮✎可锁定图层中的图像像素；单击"锁定位置"按钮✛可锁定图层位置；单击"防止在画板和画框内外自动嵌套"按钮▫可防止图层中的图像在画板和画框内外自动嵌套；单击"锁定全部"按钮🔒可锁定图层的全部。

● "不透明度"数值框：用于设置图层的不透明度。

● "填充"数值框：用于设置图层的填充不透明度。调整该参数时，图层样式不会受到影响。

● "链接图层"按钮∞：选择两个或两个以上的图层，单击该按钮，可将所选图层链接起来，便于同时改变图层的位置、大小和角度等。

● "添加图层样式"按钮 fx.：单击该按钮，可在弹出的下拉菜单中为所选图层添加相应的图层样式。

● "添加图层蒙版"按钮▫：单击该按钮，可为所选图层添加图层蒙版。

● "创建新的填充或调整图层"按钮●.：单击该按钮，可在弹出的下拉菜单中选择创建填充图层或调整图层。

- "创建新组"按钮▢：单击该按钮，可创建一个图层组。
- "创建新图层"按钮▢：单击该按钮，可在当前图层的上方创建一个普通图层。
- "删除图层"按钮▣：单击该按钮，可删除所选图层。

任务实施

↘ 活动1 图层基本操作

通过分析老李提供的模板，小艾决定先通过"图层"面板对"主图模板.psd"文件中的图层进行整理，然后置入显示屏的商品图像，适当调整画面，具体操作如下。

微课

图层基本操作

步骤 01 打开"主图模板.psd"文件（配套资源：素材\项目3\主图模板.psd），可发现只显示背景图层，单击"¥1299"图层左侧的▢图标，当其显示为◉图标时，该图层由隐藏变为显示状态，画面中也出现了"¥1299"文字，如图3-2所示。

步骤 02 使用相同的方法将其他隐藏的图层都变为显示状态，如图3-3所示。

图 3-2

图 3-3

步骤 03 此时可发现画面下方的文字被遮盖了，需要调整图层顺序，以使下方图层中的图像显示出来。在"图层"面板中将鼠标指针移至"图层 1"图层上，然后按住鼠标左键不放并向下拖曳，移至"¥1299"图层下方时释放鼠标，如图3-4所示。

步骤 04 为了便于快速识别图层内容，可以修改图层名称。在"图层"面板中双击"图层 1"图层的名称，激活文本框，然后输入"底部文字背景"文字，如图3-5所示，按【Enter】键完成图层名称的修改。

步骤 05 为了便于管理图层，可以将部分图层创建为图层组。按住【Shift】键的同时在"图层"面板中单击"¥1299"图层和"联系客服领200元满减优惠券"图层，即可选择这两个图层以及之间的所有图层。

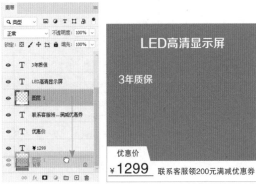

图 3-4

图 3-5

　　若要选择多个不连续的图层，可按住【Ctrl】键的同时单击需要选择的图层；若要选择除背景图层外的所有图层，可直接按【Alt+Ctrl+A】组合键。

步骤 06 将所选图层向下拖曳至"创建新组"按钮 上，然后释放鼠标，所选图层将自动成组。双击图层组的名称，在激活的文本框中输入"底部文字"文字，修改图层组的名称，如图3-6所示。

步骤 07 使用相同的方法将其他的文字图层创建到"画面文字"图层组中，如图3-7所示。

步骤 08 置入"显示屏.png"素材（配套资源：素材\项目3\显示屏.png），适当调整素材大小，放置于画面右侧，如图3-8所示。

| 图 3-6 | 图 3-7 | 图 3-8 |

步骤 09 在"图层"面板中选择"显示屏"图层，将其向下拖曳至"创建新图层"按钮 上，然后释放鼠标，可在该图层上方复制一个"显示屏 拷贝"图层，如图3-9所示。

步骤 10 将"显示屏 拷贝"图层重命名为"倒影"，然后按【Ctrl+T】组合键进入自由变换状态，单击鼠标右键，在弹出的快捷菜单中选择"垂直翻转"命令，然后按住【Shift】键将其向下移动，使两个显示屏的底座相连，完成后按【Enter】键确认，如图3-10所示。

| 图 3-9 | 图 3-10 |

　　编辑图层时，可以直接按【Ctrl+J】组合键，或按住【Alt】键的同时直接拖曳图层或图层中的对象进行复制。

步骤 11 将"倒影"图层移至"显示屏"图层下方，再选择"倒影"图层和"显示屏"图层，将其移至"底部文字背景"图层的下方，效果如图3-11所示。

图 3-11

↘ 活动2 设置图层混合模式和不透明度

主图模板中的背景过于单调，不能体现显示屏商品的科技感，于是小艾准备通过设置图层的混合模式和不透明度，重新制作显示屏主图的背景，提高主图的美观性，具体操作如下。

步骤 01 新建大小为"800像素×800像素"，分辨率为"72像素/英寸"，名称为"主图背景"的文件。

步骤 02 置入"主图背景.jpg""线条.jpg"素材（配套资源：素材\项目3\主图背景.jpg、线条.jpg），适当调整素材大小，然后将"线条"图层移动到"背景"图层上方且使画面中的圆心位于右侧，如图3-12所示。

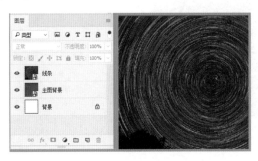

图 3-12

步骤 03 为了使线条与背景融合，在"图层"面板中选择"线条"图层，然后单击"图层混合模式"右侧的下拉按钮，在打开的下拉列表中选择"变亮"选项，如图3-13所示。

✎ 经验之谈

图层混合模式有多种，不同的混合模式可以产生不同的效果。扫描右侧的二维码可了解图层混合模式的类型和对应的效果。

拓展阅读

图层混合模式的类型和效果

步骤 04 在"图层"面板的"不透明度"数值框中输入"40%"，如图3-14所示，按【Enter】键完成输入，降低线条的明亮度，使背景效果更加自然，设置前后的对比效果如图3-15所示。

图 3-13

图 3-14

图 3-15

步骤 05 选择"线条"图层和"主图背景"图层，按【Ctrl+E】组合键合并图层，并将合并后的图层重命名为"显示屏主图背景"。

✎ **经验之谈**

合并图层是指将两个或两个以上图层合并到一个图层中。按【Ctrl+E】组合键可合并所选图层；按【Shift+Ctrl+E】组合键可合并所有可见图层；按【Ctrl+Alt+E】组合键，能够将所选图层中的内容合并到其他图层或新图层中，同时保留原来的图层不变。

步骤 06 选择"移动工具" ⊕，将"显示屏主图背景"图层拖曳至"主图模板.psd"文件中，并置于"背景"图层的上方，效果如图3-16所示。

步骤 07 此时，"主图模板.psd"文件中既包含"背景"图层，又包含"显示屏主图背景"图层，可删除原本的"背景"图层，保留新添加的背景。双击"背景"图层，打开图3-17所示的"新建图层"对话框，然后单击 确定 按钮，将"背景"图层转换为普通图层。

图 3-16　　　　　　　　　　　　　　　图 3-17

步骤 08 选择转换后的"图层 0"图层，单击"图层"面板下方的"删除图层"按钮 🗑，在打开的对话框中单击 是(Y) 按钮进行删除。

步骤 09 为防止在后续操作中改变图层的位置，选择"显示屏主图背景"图层，单击"图层"面板中的"锁定全部"按钮 🔒 锁定该图层，此时图层右侧将显示 🔒 图标，如图3-18所示。

✎ **经验之谈**

一个文件中只能存在一个背景图层，若没有背景图层，可选择图层，然后选择【图层】/【新建】/【图层背景】命令，将所选图层转换为背景图层，所选图层将被自动置于所有图层的最下方并呈锁定状态，图层中透明的区域将自动填充为背景色。

步骤 10 为了增加倒影的真实感，设置"倒影"图层的不透明度为"60%"。

步骤 11 置入"光效.jpg"素材（配套资源：素材\项目3\光效.jpg），将其移至"显示屏"图层下方，调整其在画面中的位置，置于显示屏下方，如图3-19所示。

步骤 12 选择"光效"图层，设置图层混合模式为"浅色"，不透明度为"50%"，使光效与画面融合得更自然，效果如图3-20所示。最后按【Shift+Ctrl+S】组合键把文件存储为"显示屏主图"（配套资源：效果\项目3\显示屏主图.psd）。

| 图 3-18 | 图 3-19 | 图 3-20 |

任务2 应用图层样式

任务描述

经过显示屏主图的制作，小艾已经充分掌握了创建与编辑图层的方法，但她意识到模板制图虽然能提高效率，却会导致创意不足。为此，小艾决定在制作护肤品海报时应用图层样式为海报的背景、商品、文字和装饰素材等制作不同效果，提高自己的创新能力，提升海报的视觉效果。

知识窗

图层样式是应用于图层或图层组的一种效果，能以非破坏性的方式改变图层的外观，使图层产生多种形式的特殊效果。

Photoshop 提供了多种图层样式，用户通过单击"图层"面板下方的"添加图层样式"按钮 *fx*，在弹出的下拉菜单中选择相应的命令，可打开图 3-21 所示的"图层样式"对话框。

"图层样式"对话框中共有 10 种图层样式。通过调整其中的参数，能使图层中的对象产生相应的效果。

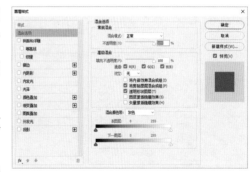

图 3-21

- 斜面和浮雕："斜面和浮雕"样式可以为图层添加高光和阴影效果，使图像产生凸出或凹陷的效果。在"斜面和浮雕"复选框下方还可单独设置等高线和纹理。其中，等高线可以勾画在浮雕处理中被遮住的起伏的线条；纹理可以选择图案并将其应用到斜面和浮雕上。

- 描边："描边"样式可以使用颜色、渐变或图案对图层的边缘进行描边。

- 内阴影："内阴影"样式可以在图像边缘的内侧添加阴影，使图像呈现出凹陷效果。

- 内发光："内发光"样式可以为图像边缘的内侧添加发光效果。

- 光泽："光泽"样式可以在图像上方产生一种光线遮盖的效果。

- 颜色叠加："颜色叠加"样式可以在图像上叠加指定的颜色。

- 渐变叠加："渐变叠加"样式可以在图像上叠加指定的渐变颜色。
- 图案叠加："图案叠加"样式可以在图像上叠加指定的图案。
- 外发光："外发光"样式可以沿图像边缘向外产生发光效果。
- 投影："投影"样式可以模拟图像被光照射后产生的投影效果。

图3-22所示为不同图层样式的效果展示。

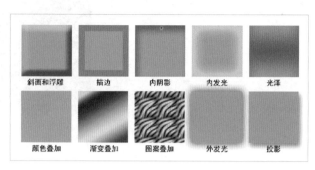

图 3-22

任务实施

↘ 活动1　添加并设置图层样式

制作护肤品海报的素材只有一个护肤品，比较单一，因此，小艾打算为背景图层添加图层样式，然后添加文字并设置文字的图层样式，丰富画面的整体效果，具体操作如下。

微课

添加并设置图层样式

步骤01 新建大小为"950像素×600像素"，分辨率为"72像素/英寸"，名称为"护肤品海报"的文件。

步骤02 设置背景色为"#92c99b"，然后按【Ctrl+Delete】组合键填充背景色。再双击"背景"图层，将其转换为名称为"背景"的普通图层。

步骤03 单击"图层"面板下方的"添加图层样式"按钮fx，在弹出的下拉菜单中选择"内发光"命令，打开"图层样式"对话框，在对话框的右侧设置内发光的相关参数，如图3-23所示，完成后单击 确定 按钮，效果如图3-24所示。

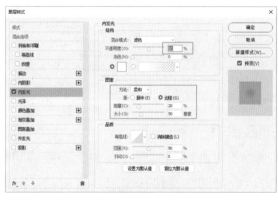

图 3-23

图 3-24

步骤04 新建图层并重命名为"商品背景"，设置背景色为"白色"。选择"椭圆选框工具"○，按住【Shift】键在画面右侧绘制一个正圆，适当调整位置，使其与上下边界距离相同，然后按【Ctrl+Delete】组合键填充背景色。

步骤05 在"图层"面板中双击"商品背景"图层右侧的空白区域，打开"图层样式"对话框，在对话框左侧单击选中"外发光"复选框，然后在右侧设置外发光的相关参数，如图3-25所示，完成后单击 确定 按钮，效果如图3-26所示。

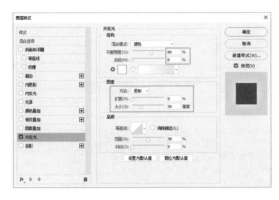
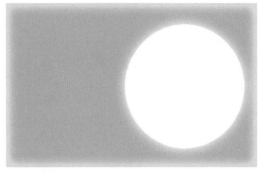

图3-25　　　　　　　　　　　　　　图3-26

步骤 06 置入"护肤品.png"素材（配套资源：素材\项目3\护肤品.png），将其放置在白色正圆上方，然后使用相同的方法为其添加"投影"图层样式，并设置投影的相关参数，如图3-27所示。单击"确定"按钮，为其制作阴影效果，增加立体感，效果如图3-28所示。

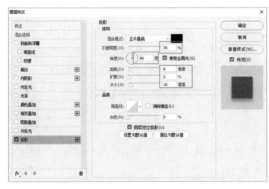

图 3-27　　　　　　　　　　　　　图 3-28

步骤 07 选择"横排文字工具" T，在工具属性栏中设置字体为"方正黑体简体"，文字颜色为"白色"，在左侧输入"加倍呵护 水润肌肤"文字，按【Ctrl+Enter】组合键完成输入。

步骤 08 在工具属性栏中修改字体为"方正粗活意简体"，在下方继续输入"年中狂欢购""新款套装8折起"文字，适当调整所有文字的大小，效果如图3-29所示。

步骤 09 选择"加倍呵护 水润肌肤"图层，打开"图层样式"对话框，在对话框左侧单击选中"描边"复选框，在对话框右侧的"结构"栏中设置大小、位置、混合模式、不透明度分别为6像素、外部、正常、100%。

图 3-29

步骤 10 在下方的"填充类型"下拉列表中选择"渐变"选项，再单击下方的"渐变"下拉列表，打开"渐变编辑器"对话框，单击左下角的色标，然后再单击下方的颜色色块，在打开的对话框中设置颜色为"#7db085"，然后单击 确定 按钮。

步骤 11 使用相同的方法设置右下角的色标颜色为"#288b38"，如图3-30所示，单击 确定 按钮。

步骤 12 单击 确定 按钮完成"描边"图层样式的设置，效果如图3-31所示。

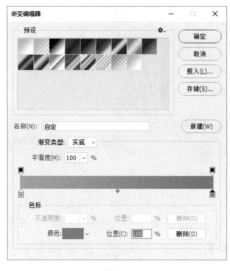

图 3-30　　　　　　　　　　　　图 3-31

活动2　复制图层样式

为海报添加装饰元素并应用与商品相同的图层样式可以统一海报的风格，因此，小艾准备直接复制活动1设置的图层样式，以有效节省操作时间，具体操作如下。

微课

复制图层样式

步骤 01 置入"树叶.png"素材（配套资源：素材\项目3\树叶.png），适当调整图像大小，并将其放置在活动文字信息的周围。置入"花.png"素材（配套资源：素材\项目3\花.png），复制图层，分别将两个图像放置在画面的左下角和右上角，适当调整大小后对右上角的图像进行水平翻转和垂直翻转，效果如图3-32所示。

步骤 02 将鼠标指针移至"护肤品"图层上并单击鼠标右键，在弹出的快捷菜单中选择"拷贝图层样式"命令，再将鼠标指针移至"树叶"图层上，单击鼠标右键，在弹出的快捷菜单中选择"粘贴图层样式"命令，完成图层样式的复制，如图3-33所示。

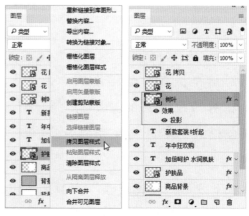

图 3-32　　　　　　　　　　　　图 3-33

步骤 03 使用相同的方法将"护肤品"图层的图层样式复制到"花"和"花拷贝"图层中，效果如图3-34所示。

图 3-34

↘ 活动3 应用预设图层样式

Photoshop 提供了多个预设的图层样式，用户可以直接调用，无须自行调整参数。为了提高制作效率，小艾决定直接应用预设的图层样式为活动信息文字添加效果，具体操作如下。

微课

应用预设图层样式

步骤 01 选择【窗口】/【样式】对话框，打开"样式"面板，在其中罗列了多个预设的图层样式。

步骤 02 选择"年中狂欢购"图层，单击"样式"面板中的"双环发光（按钮）"按钮 ■，所选图层将自动应用该预设图层样式，如图3-35所示。

步骤 03 使用相同的方法为"新款套装8折起"图层应用"双环发光（按钮）"图层样式。

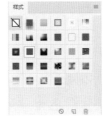

图 3-35

步骤 04 选择"横排文字工具" **T**，在"新款套装8折起"文字下方输入"6月12日至6月20日"文字。

步骤 05 单击"样式"面板右上角的 ▤ 按钮，在弹出的下拉列表中选择"玻璃按钮"选项，在打开的对话框中单击 确定 按钮，此时"样式"面板中的预设图层样式将发生改变。

步骤 06 选择日期文字，单击"样式"面板中的"暗黄绿色玻璃"按钮 ■，如图3-36所示，为日期文字应用该样式，效果如图3-37所示。

步骤 07 完成制作后查看最终效果，如图3-38所示（配套资源：效果\项目3\护肤品海报.psd），按【Ctrl+S】组合键保存文件。

图 3-36　　　　　图 3-37　　　　　图 3-38

✎ 经验之谈

若Photoshop自带的预设效果无法满足设计需求，可在"样式"面板中单击右上角的☰按钮，在弹出的下拉列表中选择"载入样式"选项，在打开的"载入"对话框中选择下载的其他样式文件，然后单击 载入(L) 按钮，载入外部的样式进行应用。

同步实训

↘ 实训1　制作皮包促销Banner

实训要求

某原创皮包品牌需要制作皮包促销Banner，投放在网站首页，以告知消费者相关的活动信息。制作该促销Banner的具体要求是：Banner的尺寸大小为950像素×600像素，画面风格要与皮包相符，并展现出活动的商品和具体的优惠信息（全场8折），参考效果如图3-39所示。

图3-39

实训提示

步骤 **01** 新建大小为"950像素×600像素"，分辨率为"72像素/英寸"，名称为"皮包促销Banner"的文件，设置背景色为"#f3ecd5"，并填充到"背景"图层中。

步骤 **02** 置入"波浪.png"素材（配套资源：素材\项目3\波浪.png），将其放置于画面下方。

步骤 **03** 新建图层并重命名为"矩形框"，使用"矩形选框工具"▣绘制一个略小于画面的矩形，填充为"白色"。

步骤 **04** 设置"矩形框"图层的填充为"50%"，并为其应用"描边"图层样式，效果如图3-40所示。

步骤 **05** 置入"皮包.png"素材（配套资源：素材\项目3\皮包.png），并为其应用"投影"图层样式，设置相应参数。

步骤 **06** 复制"皮包"图层，将其移至最上方，然后设置混合模式为"叠加"，以提高皮包的整体亮度，前后对比效果如图3-41所示。

步骤 **07** 选择"横排文字工具"**T**，输入"新款上市""FASHION"，适当调整文字大小和颜色，并为其应用"玻璃按钮"预设图层样式组中的"橙色玻璃"图层样式。

步骤 **08** 使用"横排文字工具"**T**继续在下方输入"简约时尚 出游必备"文字，适当调整文字大小和颜色。

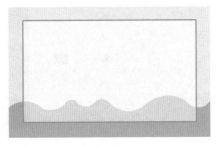

图 3-40 图 3-41

步骤 09 新建图层并重命名为"文字背景"，选择"矩形选框工具"，在下方绘制一个矩形，并填充为"白色"，然后为其应用"描边"图层样式。

步骤 10 复制"文字背景"图层，选择"移动工具"，按住【Shift】键将其向右移动，然后使用"横排文字工具"T在两个矩形中分别输入"全场8折""立即购买"文字，适当调整文字大小。最终效果如图3-42所示（配套资源：效果\项目3\皮包促销Banner.psd）。

图 3-42

实训2　制作东北大米主图

实训要求

某农产品电商商家为提高大米商品的点击量和销售量，需要制作东北大米主图，要求尺寸大小为 800 像素 × 800 像素，在主图中展示出东北大米"健康""香甜"的卖点，以及价格实惠等优势，参考效果如图 3-43 所示。

图 3-43

实训提示

步骤 01 新建大小为"800像素×800像素"，分辨率为"72像素/英寸"，名称为"东北大米主图"的文件。

步骤 02 将"背景"图层填充为"#66c387"颜色，然后将其转换为普通图层，为其添加"光泽"图层样式，设置参数如图3-44所示。

步骤 03 置入"大米.jpg"素材（配套资源：素材\项目3\大米.jpg），为其添加"内阴影"图层样式，制作向内凹陷的效果，增加画面的层次感，效果如图3-45所示。

图 3-44　　　　　　　图 3-45

步骤 04 新建图层并重命名为"底部文字背景"，使用"矩形选框工具"在下方创建一个矩形选区，并填充为"白色"。

步骤 05 新建图层并重命名为"价格背景"，使用"椭圆选框工具"在右下角绘制一个正圆，填充为"#66c387"颜色，然后为其添加"描边"图层样式。

步骤 06 新建图层并重命名为"卖点背景"，使用"矩形选框工具"在价格背景上方绘制一个矩形，填充为任意颜色，然后复制该图层，将其移至第一个矩形的上方。

步骤 07 选择步骤06绘制的两个矩形所在的图层，为其添加"文字效果"预设图层样式组中的"清晰浮雕-外斜面"图层样式，然后在"图层"面板中设置这两个图层的填充为"0%"。

步骤 08 选择"横排文字工具"，输入图3-46所示的文字，适当调整文字大小。

步骤 09 继续选择"横排文字工具"，输入"¥""69"文字，适当调整文字大小。

步骤 10 选择步骤09创建的两个文字图层，为其添加"玻璃按钮"预设图层样式组中的"免蓝色玻璃"图层样式，效果如图3-47所示，最后再分别为文字和文字背景的图层创建图层组（配套资源：效果\项目3\东北大米主图.psd）。

图 3-46　　　　　　　图 3-47

项目小结

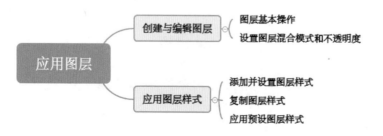

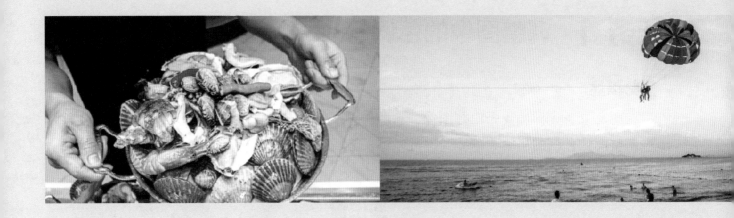

项目 4
调整图像的色调与色彩

　　老李交给小艾一组商家发来的白鞋和风景图像，要求她分别制作成白鞋促销海报和旅途亮点介绍板块。由于拍摄环境的光线和设备等外在因素，商家提供的这些图像与真实情况存在偏差，小艾需要先调整这些图像的色调与色彩，使其恢复原本的效果。

➡ **知识目标**

- 掌握调整图像色调的方法。
- 掌握调整图像色彩的方法。

➡ **技能目标**

- 能通过调整商品图像的色调制作白鞋促销海报。
- 能通过调整商品图像的色彩制作旅途亮点介绍板块。

➡ **素养目标**

- 提高对图像色彩的搭配能力。
- 加强对图像色彩的理解。

任务 1 调整图像的色调

任务描述

小艾准备先调整 4 张白鞋图像，这些白鞋图像存在色调较暗淡、偏灰的问题，可通过调整图像色调的相关菜单命令进行调整，最后再制作白鞋促销海报。

知识窗

Photoshop 中调整图像色调的常用命令有很多，用户可选择【图像】/【调整】命令，在弹出的子菜单中选择需要的命令。其中，较为常用的主要有以下 4 种。

1. 亮度/对比度

通过"亮度/对比度"命令可以对图像的色调范围进行简单的调整。选择【图像】/【调整】/【亮度/对比度】命令，可打开"亮度/对比度"对话框（见图 4-1），通过拖曳相应的滑块进行调整。其中，亮度是指图像整体的明亮程度，对比度是指图像中明暗区域中最亮的白色和最暗的黑色之间的差异程度。

图 4-1

2. 色阶

色阶是表示图像亮度强弱的指数标准，与颜色无关。在 Photoshop 的 8 位通道的模式中，总共有 256 个色阶，从 0 到 255 代表亮度从最暗到最亮，如图 4-2 所示。

通过"色阶"命令可以单独调整图像中的阴影、中间调和高光区域的色调。选择【图像】/【调整】/【色阶】命令，可打开"色阶"对话框，如图 4-3 所示。

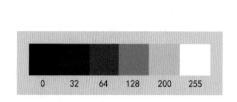

图 4-2

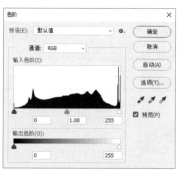

图 4-3

下面对其中的部分参数进行介绍。

- "预设"下拉列表框：可直接应用较暗、增加对比度、加亮阴影等预设好的参数。
- "通道"下拉列表框：可选择调整整个图像或者某一个通道的色阶。
- 输入色阶：该栏的下方为一个直方图，其下方的滑块从左至右分别用于调整图像的暗部、中间调和亮部。

- 输出色阶：用于限制图像的亮度范围。
- 取样按钮 ✐ ✐ ✐ ：单击 ✐ 按钮后，在图像中单击，可将单击点的像素以及比该点更暗的像素调整为黑色；单击 ✐ 按钮后，在图像中单击，可根据单击点像素的亮度调整其他中间色调的平均亮度，常用于校正偏色；单击 ✐ 按钮后，在图像中单击，可将单击点的像素以及比该点更亮的像素调整为白色。

3. 曲线

通过"曲线"命令可以综合调整图像的色彩、亮度和对比度。选择【图像】/【调整】/【曲线】命令，可打开图4-4所示的"曲线"对话框，图像的色调在对话框中表现为一条直的对角线。

下面对其中的部分参数进行介绍。

- "编辑点以修改曲线"按钮 ～ ：单击该按钮后，在曲线上单击可添加控制点，拖曳控制点可改变曲线形状。若要删除控制点，可将控制点从曲线中拖出，或选择控制点后按【Delete】键，或按住【Ctrl】键并单击控制点。

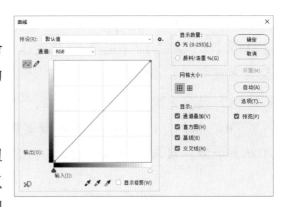

图 4-4

- "通过绘制来修改曲线"按钮 ✐ ：单击该按钮后，可直接在对话框中绘制曲线。
- "在图像上单击并拖动可修改曲线"按钮 ✐ ：单击该按钮后，将鼠标指针移至曲线上，按住鼠标左键不放并上下拖曳鼠标，即可在曲线中添加控制点并调整相应的明亮度。

4. 曝光度

通过"曝光度"命令可以调整图像的曝光效果。选择【图像】/【调整】/【曝光度】命令，可打开图4-5所示的"曝光度"对话框。

下面对其中的部分参数进行介绍。

- 曝光度：用于调整图像曝光度。该数值越小，曝光效果越弱；该数值越大，曝光效果则越强。

图 4-5

- 位移：用于调整阴影和中间调，设置光线的偏移位置。
- 灰度系数校正：用于调整图像的灰度系数，数值越大，灰度越强。

以上都是通过调整命令调整图像的色调，调整命令直接作用于图像，调整后无法再次修改调整的参数，若需要多次调整图像的色调，可以通过修改调整图层的参数达到目的。调整图层作用于图层，不会改变图像的原始效果，可以通过修改调整图层的参数反复调适效果。调整图层的使用方法如下：单击"图层"面板中的"创建新的填充或调整图层"按钮 ✐ ，在弹出的下拉菜单中选择相应的命令，可创建对应的调整图层。需要修改参数时，可直接选择该调整图层，然后在"属性"面板中进行修改。

任务实施

↘ 活动1 调整亮度/对比度

"白鞋1"图像的整体颜色较暗淡，且鞋子不够突出，因此，小艾准备通过"亮度/对比度"命令进行调整，具体操作如下。

微课
调整亮度/对比度

步骤 01 打开"白鞋1.jpg"素材（配套资源：素材\项目4\白鞋1.jpg），选择【图像】/【调整】/【亮度/对比度】命令，打开"亮度/对比度"对话框，设置参数如图4-6所示。

步骤 02 设置完成后单击 确定 按钮，前后对比效果如图4-7所示。

步骤 03 按【Ctrl+Shift+S】组合键将图像另存为名称为"调整后-白鞋1"的JPG格式的文件（配套资源：效果\项目4\调整后-白鞋1.jpg）。

图 4-6　　　　　　　　　　　图 4-7

↘ 活动2 调整色阶

"白鞋2"图像的整体色调偏暗，没有层次感，且画面偏红，因此，小艾准备通过"色阶"命令调整高光、中间调和阴影区域的色调，并单独调整红通道的明暗度，具体操作如下。

微课
调整色阶

步骤 01 打开"白鞋2.jpg"素材（配套资源：素材\项目4\白鞋2.jpg），选择【图像】/【调整】/【色阶】命令，打开"色阶"对话框。

步骤 02 将直方图下方右侧的滑块向左拖曳，以加强高光效果；再将中间的滑块向左拖曳，以加深中间调，如图4-8所示。

步骤 03 在图像编辑区中预览效果，前后对比效果如图4-9所示。

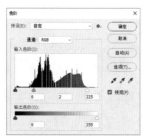

图 4-8　　　　　　　　　　　图 4-9

步骤 04 在"通道"下拉列表中选择"红"选项，然后将直方图下方左侧的滑块向右拖曳，减少画面中的红色色调，如图4-10所示。

步骤 05 设置完成后单击 确定 按钮，最终效果如图4-11所示。

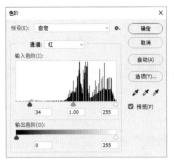

图 4-10   图 4-11

步骤 06 按【Ctrl+Shift+S】组合键将图像另存为名称为"调整后-白鞋2"的JPG格式的文件（配套资源：效果\项目4\调整后-白鞋2.jpg）。

活动3 调整曲线

"白鞋3"图像的颜色对比和质感不够明显，因此，小艾准备通过"曲线"命令和"亮度/对比度"命令进行调整，具体操作如下。

微课

调整曲线

步骤 01 打开"白鞋3.jpg"素材（配套资源：素材\项目4\白鞋3.jpg），选择【图像】/【调整】/【曲线】命令，打开"曲线"对话框。

步骤 02 将鼠标指针移至对话框中直线的右上方，单击鼠标创建控制点并将其向上拖曳，以加强高光区域的明暗度。

步骤 03 在曲线右上角的多个位置进行同样的操作，调整不同高光区域的明暗度。再在曲线的中间和左下方创建多个控制点，并将其向上拖曳，调整中间色调和阴影区域的明暗度，如图4-12所示。

步骤 04 设置完成后单击 确定 按钮，前后对比效果如图4-13所示。

步骤 05 选择【图像】/【调整】/【亮度/对比度】命令，打开"亮度/对比度"对话框，设置亮度和对比度分别为"6""26"，如图4-14所示，然后单击 确定 按钮完成调整。

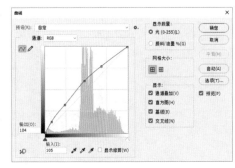

图 4-12

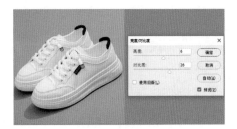

图 4-13   图 4-14

步骤 06 按【Ctrl+Shift+S】组合键将图像另存为名称为"调整后-白鞋3"的JPG格式的文件（配套资源：效果\项目4\调整后-白鞋3.jpg）。

微课

调整曝光度

活动4 调整曝光度

"白鞋4"图像由于曝光不足导致颜色饱和度不足，因此，小艾准备通过"曝光度"命令和"曲线"命令进行调整，具体操作如下。

步骤 **01** 打开"白鞋4.jpg"素材（配套资源：素材\项目4\白鞋4.jpg），选择【图像】/【调整】/【曝光度】命令，打开"曝光度"对话框，设置参数如图4-15所示。

步骤 **02** 设置完成后单击 确定 按钮，前后对比效果如图4-16所示。

图 4-15　　　　　　　　　　　　　　　图 4-16

步骤 **03** 选择【图像】/【调整】/【曲线】命令，打开"曲线"对话框，适当调整不同区域的明暗度，如图4-17所示，然后单击 确定 按钮完成调整。

步骤 **04** 按【Ctrl+Shift+S】组合键将图像另存为名称为"调整后-白鞋4"的JPG格式的文件，效果如图4-18所示（配套资源：效果\项目4\调整后-白鞋4.jpg）。

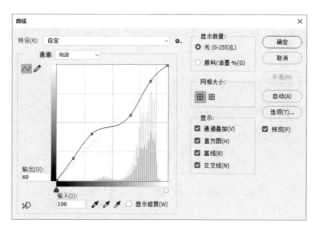 

图 4-17　　　　　　　　　　　　　　　图 4-18

步骤 **05** 新建大小为"500像素×800像素"，分辨率为"72像素/英寸"，名称为"白鞋促销海报"的文件，将"背景"图层填充为"#d2effa"颜色。

步骤 **06** 新建位置分别为"20像素""580像素"的垂直参考线。将调整好的4张白鞋图像置入"白鞋促销海报"文件中，通过新建参考线调整图像的大小和位置，如图4-19所示，最后清除所有参考线。

步骤 **07** 选择"横排文字工具"**T**，设置字体为"方正粗宋简体"，在海报上方输入"感恩回馈 全场7折"文字，然后选择【窗口】/【字符】命令，打开"字符"面板，设置文字大小为"50像素"，字距为"60"，文字颜色为"#1e64a5"，如图4-20所示。

步骤 **08** 继续使用"横排文字工具"**T**输入"活动时间：4月2日至4月16日"，修改文字大小为"24像素"。

步骤 **09** 新建图层，使用"单行选框工具"━━在文字下方创建两行选区，然后填充为"白色"，最终效果如图4-21所示（配套资源：效果\项目4\白鞋促销海报.psd）。

图 4-19　　　　　　　　　图 4-20　　　　　　　　　图 4-21

任务 2　调整图像的色彩

任务描述

　　完成白鞋商品图的处理并制作完白鞋促销海报后，小艾准备处理老李安排的第二个任务——制作旅途亮点介绍板块。在制作该板块前，小艾发现拍摄的 3 张旅游图像色彩黯淡，存在一些偏色或色彩不平衡的问题，为了使图像恢复原本的色彩，小艾准备先通过调整命令调整图像色彩，再将图像统一为相同的风格。

知识窗

　　在 Photoshop 中调整图像色彩的命令有多种，下面介绍常用的 4 种命令。

1. 自然饱和度

　　通过"自然饱和度"命令可以调整图像色彩的饱和度。选择【图像】/【调整】/【自然饱和度】命令，可打开图 4-22 所示的"自然饱和度"对话框。其中，自然饱和度只会影响图像中饱和度较低的颜色，而不会损失其他颜色细节；饱和度则会影响图像中所有颜色的饱和度。

图 4-22

2. 色相/饱和度

　　通过"色相/饱和度"命令可以调整整个图像或者特定颜色范围的色相、饱和度、明度，从而改变图像色彩。选择【图像】/【调整】/【色相/饱和度】命令，可打开图 4-23 所示的"色相/饱和度"对话框。

　　下面对其中的部分参数进行介绍。

　　● "全图"下拉列表框：在该下拉列表框中可以选择调整范

图 4-23

围。默认为"全图"选项，即调整图像中的所有颜色；也可选择调整特定范围的颜色，如红色、黄色、绿色、青色、蓝色和洋红。

- "在图像上单击并拖动可修改饱和度"按钮 ⚲：单击该按钮后，将鼠标指针移至图像中，按住鼠标左键不放并左右拖曳鼠标可改变相应色彩范围的饱和度，向左拖曳可减少饱和度，向右拖曳则增加饱和度。按住【Ctrl】键进行拖曳时将修改相应色彩范围的色相。
- 取样按钮 ⚲ ⚲ ⚲：单击 ⚲ 按钮后，在图像中单击或拖曳可选择颜色范围；单击 ⚲ 按钮后，在图像中单击或拖曳可扩大选取的颜色范围；单击 ⚲ 按钮后，在图像中单击或拖曳可缩小选取的颜色范围。
- "着色"复选框：单击选中该复选框，可使用同一种颜色替换原图像中的颜色。

3. 色彩平衡

通过"色彩平衡"命令可以在图像原有颜色的基础上添加其他颜色，或通过增加某种颜色的补色以减少该颜色的占比。

选择【图像】/【调整】/【色彩平衡】命令，可打开图4-24所示的"色彩平衡"对话框，在"色调平衡"栏中可以选择"阴影""中间调"和"高光"3个单选项，并通过上方的三组对比色调整色彩平衡。另外，单击选中"保持明度"复选框可以防止图像的明度随色调的调整而改变。

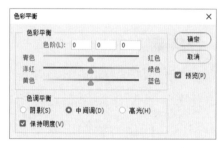

图 4-24

4. 照片滤镜

通过"照片滤镜"命令可以模拟传统的光学滤镜，调整光的色彩平衡和色温，使图像以暖色调、冷色调或其他色调显示。选择【图像】/【调整】/【照片滤镜】命令，打开图4-25所示的"照片滤镜"对话框，可选择滤镜类型或通过颜色色块自定义颜色，再调整所添加的滤镜或颜色的浓度。

图 4-25

任务实施

↘ 活动1 调整自然饱和度

"旅游1"图像的画面曝光不足，食物颜色较淡，因此，小艾准备通过"曝光度"命令和"自然饱和度"命令进行调整，具体操作如下。

步骤 **01** 打开"旅游1.jpg"素材（配套资源：素材\项目4\旅游1.jpg），如图4-26所示。

步骤 **02** 选择【图像】/【调整】/【曝光度】命令，打开"曝光度"对话框，设置曝光度为"+0.83"，然后单击 确定 按钮，效果如图4-27所示。

微课

调整自然饱和度

步骤 03 选择【图像】/【调整】/【自然饱和度】命令，打开"自然饱和度"对话框，设置自然饱和度为"+100"，饱和度为"+10"，如图4-28所示。

图 4-26　　　　　　　　　　图 4-27　　　　　　　　　　图 4-28

步骤 04 设置完成后单击 确定 按钮，最终效果如图4-29所示。

活动2　调整色相/饱和度

"旅游2"图像的画面偏暗，天空色彩不够明亮，因此，小艾准备通过"色相/饱和度"命令和"色阶"命令进行调整，具体操作如下。

微课

调整色相/饱和度

图 4-29

步骤 01 打开"旅游2.jpg"素材（配套资源：素材\项目4\旅游2.jpg），如图4-30所示。

步骤 02 选择【图像】/【调整】/【色相/饱和度】命令，打开"色相/饱和度"对话框，单击"在图像上单击并拖动可修改饱和度"按钮，然后将鼠标指针移至图像左上角的蓝色天空区域。

步骤 03 按住鼠标左键不放并向右拖曳鼠标，可发现画面中天空颜色的饱和度增加，如图4-31所示，调整到适当位置后释放鼠标。

图 4-30　　　　　　　　　　图 4-31

步骤 04 此时，在"色相/饱和度"对话框中，默认的"全图"下拉列表框已自动选择"青色"选项，且饱和度参数已调整为"+48"，如图4-32所示，然后单击 确定 按钮。

步骤 05 选择【图像】/【调整】/【色阶】命令，打开"色阶"对话框，设置"输入色阶"栏下方的三个数值分别为20、0.79、234，然后单击 确定 按钮，最终效果如图4-33所示。

图 4-32   图 4-33

活动3　调整色彩平衡

"旅游 3"图像的画面色调偏红，且蓝色调不够明显，因此，小艾准备通过"色彩平衡"和"色相/饱和度"命令进行调整，具体操作如下。

步骤 01 打开"旅游3.jpg"素材（配套资源：素材\项目4\旅游3.jpg），如图4-34所示。

微课

调整色彩平衡

步骤 02 选择【图像】/【调整】/【色彩平衡】命令，打开"色彩平衡"对话框，单击选中"中间调"单选项，然后拖曳"色彩平衡"栏中的滑块，适当增加青色和蓝色，如图4-35所示。

步骤 03 单击选中"高光"单选项，适当增加青色，设置色阶的第一个数值为"-10"，然后单击 确定 按钮，效果如图4-36所示。

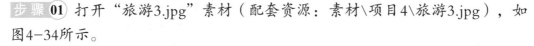

图 4-34   图 4-35   图 4-36

步骤 04 此时画面色调偏青色，选择【图像】/【调整】/【色相/饱和度】命令，打开"色相/饱和度"对话框，单击"在图像上单击并拖动可修改饱和度"按钮，然后将鼠标指针移至图像中的青色区域。

步骤 05 按住【Ctrl】键的同时，按住鼠标左键不放并向右拖曳鼠标，可发现画面中天空颜色发生改变，调整到适当位置后释放鼠标。

步骤 06 在"色相/饱和度"对话框中设置饱和度为"+40"，如图4-37所示。完成设置后单击 确定 按钮。

活动4　调整照片滤镜

小艾处理完 3 张图像后，发现这 3 张图像的风格不太统一，放在一张图中不太和谐，因此还需要使用"照片滤镜"命令对"旅游 1"图像进行调整，具体操作如下。

微课

调整照片滤镜

图 4-37

步骤 01 切换到"旅游1"文件中,选择【图像】/【调整】/【照片滤镜】命令,打开"照片滤镜"对话框,单击选中"滤镜"单选项,在右侧的下拉列表中选择"冷却滤镜(80)"选项,设置浓度为"25%",如图4-38所示。

步骤 02 设置完成后单击 确定 按钮,效果如图4-39所示。

图 4-38　　　　　　　图 4-39

步骤 03 新建大小为"750像素×1900像素",分辨率为"72像素/英寸",名称为"旅途亮点介绍板块"的文件。

步骤 04 选择"横排文字工具"T,设置字体为"方正大黑简体",字体大小为"60像素",文字颜色为"#ff7800",在最上方输入"旅途亮点介绍"文字,并使其居中显示。

步骤 05 新建位置为"60像素"的水平参考线和垂直参考线,将"旅游1"图像拖曳至该文件中,适当调整大小,使"旅游1"图像与参考线对齐。

步骤 06 选择"横排文字工具"T,在图像上方输入"品尝三亚特色海鲜餐""尊享海鲜盛宴,品味地道美食"文字,分别调整文字的大小、位置和颜色等。

步骤 07 新建图层,使用"矩形选框工具"□将图像以及相关的文字框选起来,然后为其添加描边效果,如图4-40所示。

步骤 08 将与"旅游1"图像相关的图层创建为"亮点1"图层组,然后将该图层组复制两次,并分别重命名为"亮点2"和"亮点3"。

步骤 09 适当调整所有图层组的位置,然后分别修改复制图层组中的图像和文字,最终效果如图4-41所示(配套资源:效果\项目4\旅途亮点介绍板块.psd),最后按【Ctrl+S】组合键保存文件。

图 4-40　　　　　　　图 4-41

素养小课堂

　　旅游产品详情页是促使消费者下单的重要因素之一，因此，网店美工在制作该类详情页时，需要提高自身的审美能力，通过美观、真实的风景图像吸引消费者。此外，还需要具备一定的敏感度，分析消费者对于该旅游产品的需求，以迎合消费者对该旅游产品的心理期待。

同步实训

↘ 实训1　制作苹果主图

实训要求

　　某农产品电商商家需要为自家的苹果制作主图，但由于天气、设备等原因，拍摄的图片效果不太美观，所以需要对其进行调色处理。要求调整后的图像光线明亮、色彩鲜艳，并在主图中突出苹果的卖点及价格优势，制作前后对比效果如图4-42所示。

图4-42

实训提示

步骤 **01** 打开"苹果图像.jpg"素材（配套资源：素材\项目4\苹果图像.jpg），选择【图像】/【调整】/【曝光度】命令，打开"曝光度"对话框，适当增加曝光度，单击 确定 按钮，效果如图4-43所示。

步骤 **02** 选择【图像】/【调整】/【色阶】命令，打开"色阶"对话框，适当调整高光区域和阴影区域的明亮度，然后单击 确定 按钮。

步骤 **03** 选择【图像】/【调整】/【自然饱和度】命令，打开"自然饱和度"对话框，适当增加自然饱和度和饱和度，使苹果颜色更加鲜艳，效果如图4-44所示，然后单击 确定 按钮。

图4-43

步骤 **04** 新建大小为"800像素×800像素"，分辨率为"72像素/英寸"，名称为"苹果主图"的文件，将调整好的苹果图像拖曳至该文件中。

步骤 **05** 新建图层，使用"矩形选框工具" ▭ 绘制矩形选区，为其添加描边，然后为其添加

"渐变叠加"图层样式，制作红色到黄色的渐变。

步骤 **06** 使用"矩形选框工具"▣在下方创建一个矩形选区并填充为黄色，如图4-45所示。

图 4-44　　　　　　　　　　　　　　　　图 4-45

步骤 **07** 新建图层，使用"椭圆选框工具"○在左下角创建正圆选区并将其填充为红色，然后适当收缩选区，再为其添加黄色的描边。

步骤 **08** 使用"横排文字工具"**T**在正圆和矩形中输入图4-46所示的文字，适当调整文字的大小和颜色。

步骤 **09** 新建图层，使用"矩形选框工具"▣和"椭圆选框工具"○，绘制出图4-47所示的4个图形，并分别填充不同的颜色。

步骤 **10** 使用"横排文字工具"**T**在步骤09绘制的4个图形中分别输入图4-48所示的文字，适当调整文字大小，完成制作（配套资源：效果\项目4\苹果主图.psd）

图 4-46　　　　　　　　　　图 4-47　　　　　　　　　　图 4-48

↘ 实训2　制作服装色彩展示图

实训要求

　　某服装店即将上新一款大衣，需要制作服装色彩展示图，但只拍摄了一张商品图像，因此需要先对其进行调色处理，制作出不同色彩的服装效果，再排版多个服装图像，制作服装色彩展示图，要求尺寸大小为 750 像素 ×600 像素，制作前后对比效果如图 4-49 所示。

图 4-49

实训提示

步骤 01 打开"服装图像.jpg"素材（配套资源：素材\项目4\服装图像.jpg），按【Ctrl+J】组合键复制到新图层中，将其重命名为"深棕色"，再将"背景"图层填充为"白色"。

步骤 02 复制"深棕色"图层并重命名为"深蓝色"，选择【图像】/【调整】/【色相/饱和度】命令，打开"色相/饱和度"对话框，适当调整服装素材的色相、饱和度和明度，使其变为深蓝色，如图4-50所示。

步骤 03 隐藏"深蓝色"图层，再次复制"深棕色"图层并重命名为"墨绿色"，使用相同的方法使服装变为墨绿色，如图4-51所示。

图 4-50　　　　　图 4-51

步骤 04 新建大小为"750像素×600像素"，分辨率为"72像素/英寸"，名称为"服装色彩展示图"的文件。

步骤 05 将调整好色彩的3张服装图像拖曳至"服装色彩展示图"文件中，适当调整位置和大小。

步骤 06 使用"横排文字工具"T在最上方输入"服装色彩展示"文字，适当调整大小并使其居中显示。

步骤 07 新建位置分别为"20像素"和"730像素"的垂直参考线，新建图层并重命名为"边框"。

步骤 08 使用"矩形选框工具"▭沿着参考线的位置创建一个矩形选区，将服装都框选起来，然后为其添加黑色的描边，如图4-52所示。

步骤 09 新建图层并重命名为"文字背景"，使用"矩形选框工具"▭在深蓝色服装下方创建一个矩形选区，并将其填充为"#224053"颜色，取消选区后，设置该图层的

图 4-52

不透明度为"50%"。

步骤 **10** 复制两次"文字背景"图层，分别将其移至另外两张服装图像下方，并分别填充为"#3d230b""#283107"颜色，设置图层不透明度为"50%"。

步骤 **11** 使用"横排文字工具"**T**在矩形上方输入与服装颜色对应的文字，最后清除所有参考线，最终效果如图4-53所示（配套资源：效果\项目4\服装色彩展示图.psd）。

图 4-53

↘ 实训3 制作旅游服务板块

实训要求

某旅行社需要为详情页制作旅游服务板块，以突出该旅行社在服务方面的优势，但提供的风景图像色调较为暗淡，因此需要先进行调色处理。该板块的尺寸要求为 750 像素 ×700 像素，制作前后对比效果如图 4-54 所示。

图 4-54

实训提示

步骤 **01** 打开"风景1.jpg"素材（配套资源：素材\项目4\风景1.jpg），选择【图像】/【调整】/【曲线】命令，打开"曲线"对话框，适当增加高光区域的明度、减小阴影区域的明度，然后单击 确定 按钮。

步骤 **02** 选择【图像】/【调整】/【自然饱和度】命令，打开"自然饱和度"对话框，适当增加自然饱和度和饱和度，然后单击 确定 按钮。

步骤 **03** 选择【图像】/【调整】/【亮度/对比度】命令，打开"亮度/对比度"对话框，适当增加画面整体的亮度，然后单击 确定 按钮。

步骤 **04** 使用相同的方法处理"风景2.jpg"素材（配套资源：素材\项目4\风景2.jpg），使画面色彩变得更加明亮鲜艳。

步骤 05 新建大小为"750像素×700像素"，分辨率为"72像素/英寸"，名称为"旅游服务板块"的文件。

步骤 06 使用"横排文字工具" **T** 在最上方输入"舒适轻松地游玩"文字，适当调整文字大小并使其居中显示。

步骤 07 使用"矩形选框工具" ▱ 创建一个与画面等宽的矩形选区，将其填充为灰色。

步骤 08 将调整好的"风景1"图像拖曳至"旅游服务板块"文件中，适当调整大小并将其置于灰色矩形内的左侧。

步骤 09 使用"横排文字工具" **T** 在图像右侧输入图4-55所示的文字，适当调整文字的大小和颜色，并在文字之间创建一个"#008740"颜色的矩形选区。

步骤 10 将灰色矩形及其中的内容创建为"服务1"图层组，复制该图层组并重命名为"服务2"，然后将"服务2"图层组向下移动一定距离。

步骤 11 将"服务2"图层组中的图像替换为调整好的"风景2"图像，然后修改相应的文字，最终效果如图4-56所示（配套资源：效果\项目4\旅游服务板块.psd）。

图 4-55

图 4-56

项目小结

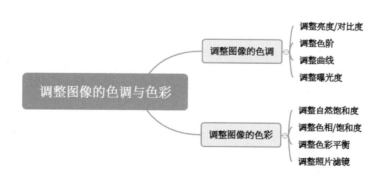

项目 5
修复与修饰图像

　　临近购物节，老李手上的设计任务较多，于是交给小艾两张有瑕疵的自热火锅图像和戒指图像，要求小艾使用修复工具和修饰工具分别对两张图像进行处理与优化，并将修饰后的戒指图像制作为主图。

➡ 知识目标

- 掌握修复工具的使用方法。
- 掌握修饰工具的使用方法。

➡ 技能目标

- 能修复图像的瑕疵。
- 能通过修饰图像制作戒指主图。

➡ 素养目标

- 提高对图像瑕疵的分析能力。
- 提高修复与修饰图像的能力。

任务 1 修复图像

任务描述

　　小艾先查看了拍摄的自热火锅图像，发现图像中的元素较多、画面杂乱，且桌面及商品周围存在油渍，因此需要使用修复工具修复这些瑕疵，使画面变得更加干净整洁。

知识窗

　　Photoshop 提供了修复工具组和图章工具组用于快速修复图像，为了选择更为适合的工具处理瑕疵，用户需要先了解各个工具的特点。

1. 污点修复画笔工具

　　"污点修复画笔工具" 主要用于修复图像中的斑点或小面积杂物等。其操作方法如下：选择"污点修复画笔工具"，在工具属性栏中设置画笔参数，单击或涂抹图像中需要修复的区域。图 5-1 所示为修复衬衫上灰色污点的过程。

图 5-1

　　在"污点修复画笔工具"的工具属性栏中可设置画笔的样式、模式及类型等，如图 5-2 所示。

图 5-2

　　在该工具属性栏中的"类型"栏中可设置修复图像过程中所采用的修复类型。选择"近似匹配"选项时，可使用选区边缘周围的像素，找到要用作修补的区域；选择"创建纹理"选项时，可使用选区中的像素创建纹理；选择"内容识别"选项时，可比较附近的图像内容，不留痕迹地填充选区，同时保留图像中的关键细节，如阴影和对象边缘等。

2. 修复画笔工具

　　"修复画笔工具"可以利用图像中的像素或图案进行修复。与"污点修复画笔工具"的不同之处在于，"修复画笔工具"可以从图像中的任意位置进行取样，并将其中的纹理、光照、透明度、阴影等与所修复的像素匹配，从而去除图像中的污点和划痕等。其操作方法如下：选择"修复画笔工具"🖊，在工具属性栏中的"源"栏中选择"取样"选项，然后按住【Alt】键在图像中单击进行取样，再将鼠标指针移至需要修复的区域多次单击或涂抹。

✏ 经验之谈

使用"修复画笔工具"🖊时，在工具属性栏中单击选中"对齐"复选框，可以进行连续取样，取样点会随修复位置的改变而变化，可使用取样点周围的像素点进行修复。

3. 修补工具

"修补工具"🔘可以将图像中的部分像素复制到需要修复的区域中，常用于修复较复杂的纹理和瑕疵。其操作方法如下：选择"修补工具"🔘，然后在图像中创建选区，在工具属性栏中选择修补方式，若选择"源"选项，将选区拖曳至需修复的区域后，将用当前选区中的图像修复之前选区中的图像；若单击选中"目标"单选项，则会将选区中的图像复制到拖曳的区域。

✏ 经验之谈

使用"修补工具"🔘时，若在工具属性栏中单击选中"透明"复选框，修复后的图像与原图像将产生叠加融合的效果；反之，则是完全覆盖的效果。

4. 内容感知移动工具

"内容感知移动工具"✂可以将选区中的图像移至其他区域，与"修补工具"🔘相似。其操作方法如下：选择"内容感知移动工具"✂后，在工具属性栏的"模式"下拉列表中选择"移动"选项，在图像中创建选区，然后移动选区内的图像到新的位置，并自动与背景进行融合，原选区空缺的部分将自动进行填补，如图5-3所示。

图5-3

✏ 经验之谈

使用"内容感知移动工具"✂时，若在工具属性栏的"模式"下拉列表中选择"扩展"选项，可将选区内的图像复制到其他区域中，而原选区中的图像不会消失。

5. 红眼工具

"红眼工具"👁可以快速去除图像中人物眼睛由于闪光灯引发的红色、白色、绿色等反光斑点。其操作方法如下：选择"红眼工具" 后，在工具属性栏中设置瞳孔大小（用于设置修复瞳孔区域的大小）和变暗量（用于设置修复区域颜色的变暗程度），然后单击需要修复的位置，修复前后对比效果如图 5-4所示。

图 5-4

6. 仿制图章工具

"仿制图章工具" 🔲可以将图像中的局部区域或全部区域复制到该图像的其他位置或其他图像中，效果与"修复画笔工具" 🖌类似。其操作方法如下：选择"仿制图章工具" 🔲，在工具属性栏中设置画笔大小，按住【Alt】键在图像中单击进行取样，然后切换到该图像的其他位置或其他图像中，在需要应用取样填充的位置单击或涂抹。

7. 图案图章工具

"图案图章工具" 🔲可以将 Photoshop 预设的图案或自定义的图案填充到图像中。其操作方法如下：先创建选区，选择"图案图章工具" 🔲，在工具属性栏中单击"图案"列表框右侧的 按钮，在打开的面板中选择需要的图案样式，再设置图案叠加模式和不透明度，在选区内按住鼠标左键并拖曳鼠标，即可将图案填充到选区中，如图 5-5 所示。

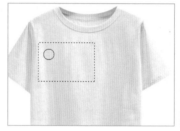

图 5-5

✏️ 经验之谈

使用"修复画笔工具" 🖌和"修补工具" 🔲会对图像的纹理、亮度和颜色与源像素进行匹配，图像的细节会有所损失，但能够更好地与周围的像素融合；使用"仿制图章工具" 🔲则会将取样的图像完全应用到绘制区域中，不会进行任何处理。

任务实施

↘ 活动1 使用污点修复画笔工具

小艾准备使用"污点修复画笔工具" 🖌消除自热火锅图像中桌面上的油渍及右上角桌布中的杂物，具体操作如下。

步骤 01 打开"自热火锅.jpg"素材（配套资源：素材\项目5\自热火锅.jpg），按【Ctrl+J】组合键复制图层。

微课

使用污点修复
画笔工具

步骤 02 放大左侧的油渍部分，选择"污点修复画笔工具"🖌️，通过按【[】键和【]】键调整画笔大小，使其与油渍大小基本相同，然后在油渍处单击进行修复，前后对比效果如图5-6所示。

步骤 03 使用相同的方法继续修复该区域中的油渍，修复效果如图5-7所示。

图5-6　　　　　　　　图5-7

步骤 04 将画面移至勺子的上方，继续使用"污点修复画笔工具"🖌️在油渍处单击进行修复，前后对比效果如图5-8所示。查看桌面的其他位置，使用相同的方法消除油渍。

步骤 05 将画面移至右上角的桌布上方，使用"污点修复画笔工具"🖌️在杂物所在位置单击进行修复，前后对比效果如图5-9所示。

图5-8　　　　　　　　　图5-9

↘ 活动2　使用修补工具

微课

使用修补工具

小艾修复好自热火锅中较为明显的油渍后，准备使用"修补工具"🩹处理筷子上的辣椒，具体操作如下。

步骤 01 将画面放大，选择"修补工具"🩹，在需要修补的地方绘制选区，如图5-10所示。

步骤 02 将鼠标指针移至选区中，当鼠标指针变为形状时，将其拖曳至筷子下方干净的位置，如图5-11所示，然后释放鼠标，可发现选区内的图像已发生改变，如图5-12所示。

图5-10　　　　　　图5-11　　　　　　图5-12

步骤 03 使用相同的方法处理筷子上的其他辣椒，如图5-13所示。

图5-13

↘ 活动3 使用修复画笔工具

接着小艾准备使用"修复画笔工具" ✐ 修复右侧南瓜表面有损伤的部分，具体操作如下。

微课

使用修复画笔工具

步骤01 将画面移至右侧的南瓜位置，选择"修复画笔工具" ✐ ，通过按【[】键和【]】键调整画笔大小，按住【Alt】键的同时单击损伤处旁边区域作为取样点，释放鼠标后，画笔中将显示吸取位置处的像素，如图5-14所示。

步骤02 将鼠标指针移至画面其他位置，画笔中将显示吸取位置处的像素，且画面中还将出现+图标，表示采用该位置的像素进行修复。

步骤03 在南瓜表面需要修复的区域进行单击或涂抹，该区域将自动用画笔中的像素进行修复，效果如图5-15所示。

✐ 经验之谈

在选择取样点时，应尽量选择在修复区域周围颜色相近的点，以达到更加逼真的修复效果。

步骤04 继续按住【Alt】键单击吸取像素，然后通过单击或涂抹的方式修复南瓜表面的其他损伤区域，效果如图5-16所示。

图 5-14   图 5-15   图 5-16

↘ 活动4 使用仿制图章工具

由于画面中元素较多，小艾决定使用"仿制图章工具" ♁ 清除桌面上多余的杂物，并清除餐盒上多余的油渍，使画面变得更加整洁，具体操作如下。

微课

使用仿制图章工具

步骤01 将画面移至画面左侧的辣椒处，选择"仿制图章工具" ♁ ，在辣椒左侧的桌面纹理处按住【Alt】键单击进行取样，如图5-17所示。

步骤02 将画面移至辣椒上方，将画笔中显示的纹理与辣椒旁边的纹理对齐，如图5-18所示，单击后可直接用画笔中的像素填充单击区域，效果如图5-19所示。

图 5-17   图 5-18   图 5-19

步骤 03 继续使用"仿制图章工具" 🔲 吸取桌面的纹理，在辣椒及花椒上方单击进行修复，修复效果如图5-20所示。

步骤 04 使用相同的方法清除左下角的辣椒、餐盒下方的花椒及餐盒右上角的辣椒，前后对比效果如图5-21所示。

图 5-20

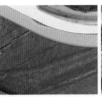

图 5-21

步骤 05 将画面移至餐盒上方，使用"仿制图章工具" 🔲 在盒中的白色区域处取样，然后在旁边的油渍处单击或涂抹，前后对比效果如图5-22所示。

步骤 06 继续修复餐盒中的其他油渍，餐盒修复效果如图5-23所示。

图 5-22   图 5-23

步骤 07 图像修复完成后，按【Ctrl+Shift+S】组合键将其保存为"修复自热火锅.jpg"（配套资源：效果\项目5\修复自热火锅.jpg），修复前后对比效果如图5-24所示。

图 5-24

任务2 修饰图像

任务描述

　　小艾修复完自热火锅图像后，开始着手分析戒指图像存在的问题，发现戒指外环的高光以及阴影效果不太明显，且主体的钻石及其他装饰部分线条较为模糊，需要结合多种修饰工具进行处理。

知识窗

Photoshop 提供了模糊工具、锐化工具、涂抹工具等 6 种修饰工具，用户可根据具体的制作需求选择合适的工具进行修饰。

1. 模糊工具

"模糊工具" ⬡ 可以降低图像中相邻像素之间的对比度，从而使图像产生模糊的效果。在工具属性栏中通过设置"强度"值改变模糊的力度，然后在图像中需要模糊的区域按住鼠标左键并拖曳鼠标，"强度"值越大，模糊效果越明显。图 5-25 所示为模糊背景以突出主体的前后对比效果。

图 5-25

2. 锐化工具

"锐化工具" ⬡ 可以增强图像中的相邻像素之间的对比度，效果与"模糊工具" ⬡ 相反。在工具属性栏中通过设置"强度"值改变锐化的力度，然后在图像中需要锐化的区域进行涂抹，"强度"值越大，锐化效果越明显。图 5-26 所示为锐化植物的前后对比效果。

图 5-26

3. 涂抹工具

"涂抹工具" ⬡ 可以模拟手指划过湿画布的效果，常用于制作融化、火焰等效果。在工具属性栏中通过设置"强度"值改变涂抹的力度，然后在图像中进行涂抹，"强度"值越大，涂抹效果越明显。图 5-27 所示为使用"涂抹工具" ⬡ 涂抹海报背景的前后对比效果。

图 5-27

4. 减淡工具

"减淡工具" ⬡ 可以降低图像中局部区域的对比度、中性调、暗调等。在工具属性栏中可设置减淡的范围和曝光度，然后使用该工具在图像中需要减淡的区域进行涂抹。曝光度越大，减淡效果越明显；涂抹次数越多，图像颜色也就越淡。图 5-28 所示为减淡商品颜色的前后对比效果。

图 5-28

5. 加深工具

"加深工具" ◎可以增强图像中局部区域的对比度、中性调、暗调等，效果与"减淡工具" ●相反。在工具属性栏中可设置加深的范围和曝光度，然后使用该工具在图像中需要加深的区域进行涂抹。

6. 海绵工具

"海绵工具" ●可以增强或降低图像中局部区域的饱和度。在工具属性栏中设置模式和流量等，然后在图像中进行涂抹。流量越大或涂抹次数越多，去色或增加饱和度的效果就越明显。图5-29所示为增加商品饱和度的前后对比效果。

图 5-29

<hr />

任务实施

↘ 活动1 使用加深工具和减淡工具

小艾准备先使用"加深工具" ◎和"减淡工具" ●修饰戒指的圆环部分，具体操作如下。

微课

使用加深工具和减淡工具

步骤 **01** 打开"戒指.jpg"素材（配套资源：素材\项目5\戒指.jpg），使用"快速选择工具" ●将戒指抠取出来，然后锁定其不透明度，避免操作时涂抹出界。

步骤 **02** 选择"加深工具" ◎，在工具属性栏中设置画笔大小为"20像素"，画笔硬度为"0%"，范围为"阴影"，将鼠标指针移至戒指下方的黑色线条处，然后适当进行涂抹，以加强阴影效果，前后对比效果如图5-30所示。

步骤 **03** 选择"减淡工具" ●，设置范围为"中间调"，将鼠标指针移至加深区域的上部分和下部分，分别适当进行涂抹，以加强高光效果，前后对比效果如图5-31所示。

步骤 **04** 将画面移至上方的黑色线条处，选择"加深工具" ◎和"减淡工具" ●对其颜色深浅进行调整，前后对比效果如图5-32所示。

图 5-30   图 5-31   图 5-32

↘ 活动2 使用涂抹工具

小艾觉得使用"加深工具" 🖌 加深的阴影部分颜色较浅，且不太均匀，老李告诉她可以通过"涂抹工具" 🖌 进行调整，具体操作如下。

步骤 01 选择"涂抹工具" 🖌，适当在黑色和灰色区域进行涂抹，以调整颜色，前后对比效果如图5-33所示。

步骤 02 将画面移至下方的阴影处，继续使用"涂抹工具" 🖌 在黑色和灰色区域进行涂抹，前后对比效果如图5-34所示。

图 5-33   图 5-34

↘ 活动3 使用锐化工具

小艾准备使用"锐化工具" △ 加强钻石及周围装饰的纹理，使其更为突出，具体操作如下。

步骤 01 选择"锐化工具" △，适当调整画笔大小，然后直接在钻石上进行涂抹，前后对比效果如图5-35所示。

步骤 02 使用"锐化工具" △ 继续在戒指两边的装饰上涂抹，戒指修饰前后对比效果如图5-36所示。

图 5-35   图 5-36

步骤 03 戒指修饰完成后，按【Ctrl+Shift+S】组合键将其保存为"修饰戒指.jpg"（配套资源：效果\项目5\修饰戒指.jpg）。

步骤 04 新建大小为"800像素×800像素"，分辨率为"72像素/英寸"，文件名为"戒指主图"的文件。

步骤 05 将抠取并修饰后的戒指图像拖曳至该文件中，然后复制戒指图像，适当调整两个戒指图像的大小和旋转角度。

步骤 06 置入"边框.png"素材（配套资源：素材\项目5\边框.png），适当调整大小，效果如图5-37所示。

步骤 07 使用"横排文字工具" **T** 在画面中输入图5-38所示的文字，适当调整文字字体、大小、颜色等，并为价格文字添加"阴影"图层样式，最后按【Ctrl+S】组合键保存文件（配套资源：效果\项目5\戒指主图.psd）。

图 5-37

图 5-38

同步实训

↘ 实训1 制作暖秋回馈季海报

实训要求

某店铺为回馈新老用户，准备为店铺内的部分商品举办打折促销活动，因此准备制作相关宣传海报，但由于图片中模特的皮肤状况不太好，且衣服上有污渍，所以需要先对图片进行修复，再将其制作为海报，要求海报尺寸为 750 像素 × 390 像素，参考效果如图 5-39 所示。

图 5-39

实训提示

步骤 01 打开"瑕疵人物.jpg"素材（配套资源：素材\项目5\瑕疵人物.jpg），按【Ctrl+J】组合键复制图层。

步骤 02 使用"红眼工具"+⊙在人物的眼睛处单击，以修复红眼问题。

步骤 03 选择"污点修复画笔工具"✐，在人物脸部较为明显的痘印及斑点处进行修复，前后对比效果如图5-40所示。

步骤 04 使用"修补工具"❀修复人物肤色不均匀的区域，使皮肤看起来更加细腻。

步骤 05 选择"加深工具"◉，适当调整画笔大小，然后在人物的嘴唇和眼影处进行涂抹，以加深妆容的显示效果，效果如图5-41所示。

图 5-40

步骤 06 选择"仿制图章工具"▲，利用周围的纹理修复衣服上的瑕疵，并使用"锐化工具"△适当加深衣服的纹理，修复前后对比效果如图5-42所示。修复完成后将图像另存为"修复瑕疵人物.jpg"文件（配套资源：效果\项目5\修复瑕疵人物.jpg）。

图 5-41   图 5-42

步骤 **07** 新建大小为"750像素×390像素"，分辨率为"72像素/英寸"，名称为"暖秋回馈季海报"的文件，置入"海报背景.jpg"素材（配套资源：素材\项目5\海报背景.jpg），适当调整大小。

步骤 **08** 将修复后的人物图像添加到"暖秋回馈季海报"文件中，适当调整图像大小，使用"矩形选框工具"□框选图像的部分区域，然后按【Ctrl+J】组合键复制，并删除原图像，将其置于画面右侧。

步骤 **09** 新建图层，使用"矩形选框工具"□在图像中绘制矩形以增加美观度。

步骤 **10** 使用"横排文字工具"**T**在画面中输入图5-43所示的文字，适当调整文字的字体、大小、颜色等，并在"查看详情>>"文字下方绘制一个矩形作为背景。

步骤 **11** 按【Ctrl+S】组合键保存文件（配套资源：效果\项目5\暖秋回馈季海报.psd）。

图 5-43

↘ 实训2　制作护肤品主图

实训要求

　　玉予护肤旗舰店即将上新一款护肤套装，需要制作相关主图进行宣传，但由于设备原因导致拍摄出来的商品图像不太美观，所以在制作之前需要进行修饰。该主图的尺寸要求为 800 像素 ×800 像素，参考效果如图 5-44 所示。

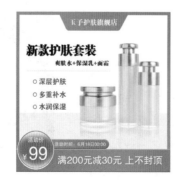

图 5-44

实训提示

步骤 01 打开"护肤品.jpg"素材（配套资源：素材\项目5\护肤品.jpg），按【Ctrl+J】组合键复制图层。

步骤 02 先调整左侧面霜瓶盖处的效果，放大画面，选择"加深工具" ，设置范围为"阴影"，适当调整画笔大小，然后在瓶盖中颜色较深的地方进行涂抹，以增强阴影效果。

步骤 03 选择"减淡工具" ，设置范围为"中间调"或"高光"，然后在瓶盖中颜色较浅的地方进行涂抹，以增强高光效果。

步骤 04 继续选择"减淡工具" ，设置范围为"高光"，将画笔大小和曝光度的值都调小，然后在图5-45所示的位置进行涂抹，使其颜色更加明亮。

步骤 05 继续使用"加深工具" 和"减淡工具" 修饰瓶身，修饰前后对比效果如图5-46所示。

图 5-45

图 5-46

步骤 06 使用相同的方法继续修饰右侧两个瓶子的瓶盖和瓶身。

步骤 07 选择"海绵工具" ，设置模式为"去色"，流量为"20%"，在中间瓶身的倒影处适当进行涂抹，以增强商品的美观度，修饰前后对比效果如图5-47所示。

步骤 08 修饰完成后，按【Ctrl+Shift+S】组合键将其保存为"修饰护肤品.jpg"（配套资源：效果\项目5\修饰护肤品.jpg）。

步骤 09 新建大小为"800像素×800像素"，分辨率为"72像素/英寸"，名称为"护肤品主图"的文件，置入"主图背景.jpg"素材（配套资源：素材\项目5\主图背景.jpg），适当调整大小。

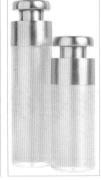

图 5-47

步骤 10 将修饰后的护肤品图片移至"护肤品主图"文件中，适当调整大小，并将其放置在右侧。

步骤 11 使用"矩形选框工具" 框选左侧的瓶子，复制选区到新图层中，再将其垂直翻转。按【Ctrl+T】组合键进入自由变换状态，单击工具属性栏中的 按钮切换到变形模式，在"变形"下拉列表框中选择"拱形"选项，然后调整图形的弯曲弧度，使其与瓶子下方贴合。

步骤 12 将复制的图层移至产品下方，然后设置其不透明度为"50%"，再使用"橡皮擦工具"擦除该图层的下方区域，前后对比效果如图5-48所示。

步骤 13 使用相同的方法为右侧两个瓶子制作倒影的效果，如图5-49所示。

图 5-48
图 5-49

步骤 14 使用"横排文字工具"T在左侧输入图5-50所示的文字，适当调整文字大小和位置，并在卖点左侧绘制装饰性圆圈，最后按【Ctrl+S】组合键保存文件（配套资源：效果\项目5\护肤品主图.psd）。

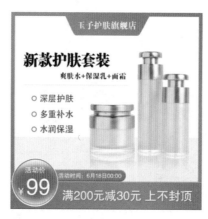

图 5-50

素养小课堂

网店美工在撰写产品文案时，需要具备一定的文字功底，从消费者的具体需求出发，突出产品的卖点，激发消费者的购买欲，才能够吸引消费者进行购买。

项目小结

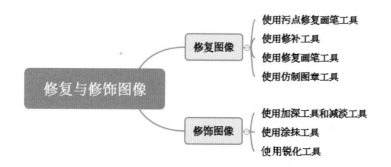

干 茶

项目 6
应用文字与图形

灵活应用文字与图形能够丰富画面的整体效果，因此，老李希望小艾在接下来的设计任务中，要特别注意文字和图形的排版与设计，制作出效果丰富、美观的茶叶商品介绍板块、坚果礼盒主图和活动 Banner。

➡ 知识目标

- 掌握创建与应用文字的方法。
- 掌握绘制不同图形的方法。

➡ 技能目标

- 能通过应用文字制作茶叶商品介绍板块和坚果礼盒主图。
- 能通过应用图形制作活动 Banner。

➡ 素养目标

- 提高版面设计与审美能力。
- 提高文字设计的创新能力。

任务 1 应用文字

任务描述

老李让小艾先制作茶叶商品介绍板块，因为文字内容较多，所以小艾在制作时需要注意图文的排版，并调整好文字的大小和字距等。在掌握图文排版的技巧后，小艾再利用变形文字和路径文字制作坚果礼盒主图，以提高文字设计的创新能力。

知识窗

在应用文字之前，需要了解文字类型以及编辑文字的方法。

1. 文字类型

在 Photoshop 中，创建的文字类型可分为以下 4 种。

- **点文字**：指从鼠标单击的某一点开始输入的文字。
- **段落文字**：指在文本框中输入的，可以进行自动换行、调整文字区域大小等操作的文字。
- **变形文字**：指形状发生改变的文字。
- **路径文字**：指根据路径的形状所创建的文字。

2. 编辑文字的方法

在 Photoshop 中使用相关的文字工具创建文字后，通常会通过工具属性栏或者相关面板编辑文字。

（1）文字工具的工具属性栏

选择文字工具后，在工具属性栏中可设置字体、字体样式、字体大小、文字颜色等，不同文字工具的工具属性栏选项基本相同。图 6-1 所示为"横排文字工具"T的工具属性栏。

图 6-1

下面对其中的选项进行介绍。

- **"切换文本取向"按钮** ⫶：单击该按钮，可将文字在水平方向和垂直方向之间进行切换。
- **"字体"下拉列表框**：用于设置文字的字体系列。
- **"字体样式"下拉列表框**：用于设置字体的样式，包括Regular（规则的）、Italic（斜体）、Bold（粗体）、Bold Italic（粗斜体）和Black（粗黑体）等样式，具体选项会根据当前选择的字体发生变化。

- **"字体大小"下拉列表框**：用于选择字体大小，也可直接在数值框中输入数值。
- **"设置消除锯齿的方法"下拉列表框**：用于设置文字的锯齿效果，包括无、锐利、犀利、浑厚和平滑等选项。
- **"对齐方式"按钮组**：单击相应按钮可按不同方式对齐文字，从左至右分别是左对齐文本、居中对齐文本和右对齐文本。
- **文字颜色**：单击该颜色色块，可在打开的对话框中设置文字颜色。
- **"创建文字变形"按钮**：单击该按钮，可打开图6-2所示的"变形文字"对话框，根据需要在"样式"下拉列表中选择不同的变形效果，包括扇形、下弧、上弧等样式，还可通过下方的参数调整变形效果。图6-3所示为部分变形文字的效果。

图 6-2

图 6-3

- **"切换字符和段落面板"按钮**：单击该按钮，可选择显示或隐藏"字符"面板和"段落"面板。

（2）"字符"面板

在"字符"面板中可设置更多的字符属性。选择【窗口】/【字符】命令，可打开图6-4所示的"字符"面板。下面对其中的部分选项进行介绍。

- **行距**：用于设置上一行文字与下一行文字之间的距离。
- **字距微调**：用于微调两个文字之间的距离。
- **字距**：用于设置所有文字之间的字距。
- **比例间距**：用于设置文字周围的间距。设置比例间距后，文字本身不会被挤压或伸展，而是文字之间的间距被挤压或伸展。

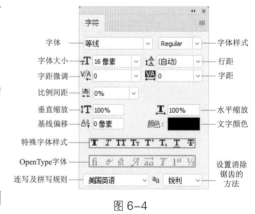

图 6-4

- **垂直/水平缩放**：用于调整文字的高度和宽度的缩放比例。
- **基线偏移**：用于设置文字与文字基线之间的距离。当该值为正值时，文字将上移；当该值为负值时，文字将下移。
- **特殊字体样式**：从左至右分别为仿粗体、仿斜体、全部大写字母、小型大写字母、上标、下标、下画线和删除线，单击相应按钮可以应用该样式。
- **OpenType字体**：可使OpenType格式的文字产生标准连字、上下文替代字等特殊效果。

- **连写及拼写规则**：可对所选字符进行有关连字符和拼写规则的语言设置。

（3）"段落"面板

"段落"面板可用于设置对齐方式、缩进方式、避头尾法则等属性。选择【窗口】/【段落】命令，可打开图6-5所示的"段落"面板。

图 6-5

下面对其中的部分选项进行介绍。

- **对齐方式**：从左至右依次为左对齐文本、居中对齐文本、右对齐文本、最后一行左对齐、最后一行居中对齐、最后一行右对齐和全部对齐，单击相应按钮以应用该对齐方式。

- **左缩进/右缩进**：用于设置段落文字左边/右边向内缩进的距离。

- **首行缩进**：用于设置每个段落首行的缩进值。

- **段前/段后添加空格**：用于设置与前一段落或后一段落间的距离。

- **避头尾法则设置**：用于设置避免每行头尾显示标点符号的规则。

- **间距组合设置**：用于设置自动调整字间距时的规则。

- **"连字"复选框**：单击选中该复选框，可将文字的最后一个外文单词拆开，形成连字符号，使剩余的部分自动换行到下一行。

任务实施

↘ 活动1　应用点文字

小艾准备通过创建点文字并结合茶叶图像制作茶叶商品介绍板块，具体操作如下。

微课

应用点文字

步骤 01 新建大小为"750像素×2400像素"，分辨率为"72像素/英寸"，名称为"茶叶商品介绍板块"的文件，将"背景"图层填充为"#004c66"颜色。

步骤 02 新建位置分别为"560像素""1180像素"的水平参考线和位置分别为"40像素""710像素"的垂直参考线。

步骤 03 置入"茶叶罐.png"素材（配套资源：素材\项目6\茶叶罐.png），适当调整大小，并将其置于画面左侧。

步骤 04 选择"横排文字工具"T，选择【窗口】/【字符】命令，打开"字符"面板，设置字体为"方正黑体简体"，字体大小为"36像素"，字距为"100"，文字颜色为"白色"，并单击"仿粗体"按钮T以应用该样式，如图6-6所示。

步骤 05 在画面顶部的中间区域输入"产品参数"文字，适当调整文字的位置，如图6-7所示。

步骤 06 新建图层，在"字符"面板中修改字体大小为"20像素"，字距为"0"，再设置行距为"42像素"，再次单击"仿粗体"按钮T以取消应用该样式，如图6-8所示。

图 6-6　　　　　　　　图 6-7　　　　　　　　图 6-8

步骤 07 在图像右侧输入图6-9所示的文字，适当调整文字的位置。

步骤 08 复制"产品参数"文字图层，按住【Shift】键将其向下移动，并修改文字为"三招辨好茶"，然后将与产品参数板块相关的图层创建为"产品参数"图层组。

步骤 09 置入"干茶.jpg""茶汤.jpg""叶底.jpg"素材（配套资源：素材\项目6\干茶.jpg、茶汤.jpg、叶底.jpg），适当调整图像大小，使两侧的图像与参考线对齐，效果如图6-10所示。

图 6-9　　　　　　　　　　　　　　图 6-10

步骤 10 为3张图像分别添加"描边"图层样式，设置描边大小、位置、颜色分别为"2像素""内部""白色"。

步骤 11 新建图层并重命名为"矩形"，使用"矩形选框工具"⬚在"干茶"图像下方创建一个矩形选区，并填充为"#aad4dd"颜色。

步骤 12 选择"横排文字工具"**T**，设置字体为"方正大标宋简体"，字体大小为"26像素"，字距为"400"，文字颜色为"#004c66"，并应用"仿粗体"样式，在矩形上方输入"干茶"文字，再让文字、矩形与"干茶"图像居中对齐，如图6-11所示。

步骤 13 新建图层，选择"直排文字工具"**IT**，在"字符"面板中设置图6-12所示的参数，再在矩形下方输入图6-13所示的文字。

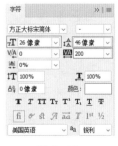

图 6-11　　　　　　　　图 6-12　　　　　　　　图 6-13

步骤14 选择矩形及文字所在图层，按住【Alt+Shift】组合键将其向右移动并进行复制，然后修改对应的文字，修改后的效果如图6-14所示。

素养小课堂

无论是商品图像还是商品文案，都必须真实展现商品的外观、功能、特点等，不能过度美化商品或夸大商品功能，否则会导致不必要的纠纷。

步骤15 将与三招辨好茶板块相关的图层创建为"三招辨好茶"图层组，产品参数板块与三招辨好茶板块的效果如图6-15所示。

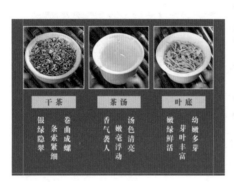

图6-14   图6-15

↘ 活动2 应用段落文字

由于产品优势板块文字内容较多，所以小艾决定结合段落文字进行排版，具体操作如下。

微课

应用段落文字

步骤01 复制"三招辨好茶"文字图层到"三招辨好茶"图层组的上方，然后修改文字为"核心产区·高端品质"。

步骤02 置入"产地.jpg"素材（配套资源：素材\项目6\产地.jpg），适当调整图像的大小和位置，使其与参考线对齐。

步骤03 新建图层并重命名为"白色矩形"，使用"矩形选框工具"⬚在"产地"图像下方创建一个矩形选区，并填充为"白色"。

步骤04 选择"横排文字工具"**T**，设置字体大小为"42像素"，文字颜色为"#2d4f2e"，如图6-16所示，在矩形左侧输入"产地"文字。

步骤05 新建图层，修改字体大小为"16像素"，单击"全部大写字母"按钮**TT**以应用该样式，在"产地"文字下方输入"POSITION"文字，效果如图6-17所示。

图 6-16　　　　　　　　　　图 6-17

步骤 06 新建图层并重命名为"竖线"，使用"矩形选框工具" ⬚ 在"产地" 文字右侧创建一个矩形选区，并填充为"#2d4f2e"颜色。

步骤 07 选择"横排文字工具" T，设置字体大小为"20像素"，行距为"30像素"，字距为"100"，取消所有文字样式，然后在竖线右侧位置按住鼠标左键不放，并向右下方拖曳鼠标以绘制图6-18所示的文本框。

步骤 08 在文本框中输入图6-19所示的文字。若文本框大小不符合需求，可通过拖曳四周的控制点进行调整。

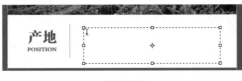

图 6-18　　　　　　　　　　图 6-19

🖉 经验之谈

　　在处理文字时，为了便于操作，可将创建的点文字与段落文字进行相互转换。其操作方法如下：选择需要进行转换的文字图层，在其右侧的空白区域单击鼠标右键，在弹出的快捷菜单中选择"转换为段落文本"或"转换为点文本"命令即可。

步骤 09 选择【窗口】/【段落】命令，打开"段落"面板，设置首行缩进为"40像素"，避头尾法则设置为"JIS宽松"，如图6-20所示。段落文字效果如图6-21所示。

图 6-20　　　　　　　　　　图 6-21

步骤 10 选择产地相关的图像及文字所在图层，按住【Alt+Shift】组合键将其向下移动并进行复制。

步骤 ⑪ 将复制图像替换为"采摘.jpg"素材（配套资源：素材\项目6\采摘.jpg），然后修改下方的文字，如图6-22所示。

步骤 ⑫ 将与产品优势相关的图层创建为"产品优势"图层组。最终效果如图6-23所示（配套资源：效果\项目6\茶叶商品介绍板块.psd），按【Ctrl+S】组合键保存文件。

图 6-22　　　　　　　　　　　图 6-23

↘ 活动3　应用变形文字

完成茶叶商品介绍板块的制作后，小艾开始着手制作坚果礼盒主图，她准备利用变形文字制作主图的标题，使其更具设计感，具体操作如下。

步骤 ① 新建大小为"800像素×800像素"，分辨率为"72像素/英寸"，名称为"坚果礼盒主图"的文件。

步骤 ② 置入"主图背景.jpg""坚果礼盒.png"素材（配套资源：素材\项目6\主图背景.jpg、坚果礼盒.png），分别适当调整图像的大小和位置。

步骤 ③ 选择"直排文字工具"IT，设置字体为"方正大标宋_GBK"，字体大小为"82像素"，字距为"80"，文字颜色为"#d8242f"，在画面左侧输入"年终购物节"文字，如图6-24所示。

步骤 ④ 选择文字图层，选择【文字】/【转换为形状】命令，选择"直接选择工具"，文字周围将出现锚点，如图6-25所示。

步骤 ⑤ 在"年"字的右侧框选部分锚点，然后在锚点上按住鼠标左键不放并向右拖曳，以改变文字形状，如图6-26所示。

图 6-24　　　　　　　图 6-25　　　　　　　　　　　图 6-26

步骤 06 使用相同的方法改变"购"和"节"字的形状，如图6-27所示，使"节"字的右边缘与"年"字的右边缘对齐。

步骤 07 新建图层，使用"矩形选框工具"⬚在文字右侧创建一个矩形选区，填充为"#d8242f"颜色，作为文字背景。

步骤 08 选择矩形，按【Ctrl+T】组合键进入自由变换状态，在工具属性栏中单击⬚按钮进入变形模式，然后在"变形"下拉列表中选择"旗帜"选项，再单击"更改变形方向"按钮⬚，设置"弯曲"为"35%"，前后对比效果如图6-28所示。

图 6-27　　　　　　　　　　　　　　图 6-28

步骤 09 使用"直排文字工具"IT在变形后的矩形中输入"过节送礼更有面"文字，设置字体为"方正粗活意简体"，文字颜色为"白色"，适当调整文字大小和字距。

步骤 10 单击工具属性栏中的"创建文字变形"按钮工，打开"变形文字"对话框，在"样式"下拉列表中选择"旗帜"选项，单击选中"垂直"单选项，设置弯曲为"+45%"，水平扭曲、垂直扭曲均为"0%"，如图6-29所示，文字效果如图6-30所示。

图 6-29　　　　　　　　　　　图 6-30

↘ 活动4　应用路径文字

　　小艾准备利用路径文字输入价格上方的文字信息，在增加装饰性的同时，使画面更具动感，具体操作如下。

步骤 01 新建2个图层，分别使用"矩形选框工具" □ 和"椭圆选框工具" ○ 绘制图6-31所示的图形。

步骤 02 选择"椭圆工具" ○ ，在工具属性栏的第一个下拉列表框中选择"路径"选项，然后按住鼠标左键不放并向右下方拖曳，绘制一个与正圆图形弧度相似的椭圆路径，如图6-32所示。

步骤 03 选择"横排文字工具" T ，设置字体为"方正粗活意简体"，字体大小为"32像素"，字距为"0"，文字颜色为"#d8242f"。

步骤 04 将鼠标指针移至椭圆上方，当鼠标指针变为 ⤶ 形状时，单击插入鼠标光标，然后输入"两件到手价"文字，如图6-33所示。

图 6-31

图 6-32

图 6-33

✎ 经验之谈

　　若绘制的路径不符合需求，可使用"路径选择工具" ▶ 移动路径的位置，或按【Ctrl+T】组合键进入自由变换状态，调整路径的形状。

步骤 05 此时文字的位置不合适，需要进行调整。选择"路径选择工具" ▶ ，将鼠标指针移至文字的起点处，当鼠标指针变为 ▶ 形状时，将鼠标指针向右上方拖曳一定距离，如图6-34所示。

步骤 06 新建图层，使用"横排文字工具" T 在"两件到手价"文字下方输入价格，并适当调整文字大小。

✎ 经验之谈

　　在调整文字位置时，当鼠标指针变为 ▶ 形状时，若是将鼠标指针向路径的内侧拖曳，可使文字在内部进行显示。

步骤 07 继续使用"横排文字工具" T 分别在主图左下方和右上角输入图6-35所示的文字，适当调整文字的字体、大小和颜色等，按【Ctrl+S】组合键保存文件（配套资源：效果\项目6\坚果礼盒主图.psd）。

图 6-34 　　　　　　　　　图 6-35

任务2 应用图形

任务描述

通过茶叶商品介绍板块和坚果礼盒主图的制作，老李觉得小艾的图文排版及创新能力不错，于是让她继续完成第二个任务——制作活动 Banner，并要求小艾在制作时表现出活动的氛围感。小艾准备通过形状工具组绘制背景和装饰元素，丰富活动 Banner 的画面效果，再添加相应的文字介绍活动内容。

知识窗

Photoshop 提供了 6 种形状工具来绘制不同形状的图形，用户可根据需要选择相应的工具进行绘制。

1. 矩形工具、圆角矩形工具、椭圆工具

"矩形工具" □、"圆角矩形工具" ◻ 和"椭圆工具" ◯ 分别用于绘制矩形、圆角矩形和椭圆，在对应的工具属性栏中可设置填充、描边等参数，图 6-36 所示为"矩形工具" □ 的工具属性栏。

图 6-36

下面对其中的选项进行介绍。

- **"形状"下拉列表框**：在该下拉列表框中可选择形状、路径和像素3种工具模式。选择"形状"选项时，绘制的图形将位于一个单独的形状图层中，便于移动、对齐、分布及调整大小，还可设置形状的填充、描边等；选择"路径"选项时，可在当前图层中绘制路径，然后用其创建选区、图形等；选择"像素"选项时，可直接在图层上绘制图形，而不会单独创建形状图层。

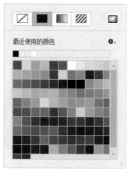

图 6-37

- **填充**：用于设置图形的填充。单击"填充"色块，将打开图6-37所示的面板，在其中单击☑按钮可取消填充，单击■按钮可选择填充最近使用的颜色或预设颜色，单击▨按钮可填充渐变色，单击▨按钮可填充图案，单击■按钮可在打开的对话框中自定义颜色进行填充。

- **描边**：用于设置图形的描边样式。单击"描边"色块，打开的面板与"填充"面板相同。右侧的两个下拉列表框分别用于设置描边宽度和描边类型。

- **"W"/"H"数值框**：用于设置图形的宽度和高度。单击"W"数值框和"H"数值框之间的 ∞ 按钮可锁定形状的宽高比。

- **"路径操作"按钮❑**：单击该按钮，可在弹出的面板中设置图形的运算方法，包括新建图层、合并形状、减去顶层形状、与形状区域相交、排除重叠形状和合并形状组件6种方法。

- **"路径对齐方式"按钮▣**：单击该按钮，可在弹出的面板中设置图形的对齐与分布方式。

- **"路径排列方式"按钮▣**：单击该按钮，可在弹出的下拉列表中设置图形的堆叠顺序。

- **"设置其他形状和路径选项"按钮❉**：单击该按钮，可在打开的面板中设置在绘制图形时，路径在屏幕上显示的粗细和颜色等属性，以及不受约束等选项。

- **"对齐边缘"复选框**：单击选中该复选框，可使图形的边缘与像素网格对齐。

2. 多边形工具

"多边形工具"◯用于绘制正多边形或星形，在工具属性栏中可设置边数，单击"设置其他形状和路径选项"按钮❉，可在打开的面板中设置半径、平滑拐角，以及星形的缩进边依据和平滑缩进等。图6-38所示为应用平滑拐角效果的多边形，趋近于圆形；图6-39所示为缩进边依据设置为"75%"后的星形。

图 6-38

图 6-39

3. 直线工具

"直线工具"╱用于绘制直线或带有箭头的线段，在工具属性栏中可设置直线的粗细，单击"设置其他形状和路径选项"按钮❉，可在打开的面板中设置箭头位置、箭头宽度/长度与直线宽度的百分比，以及箭头凹度。

设置凹度为0%时，箭头尾部平齐；大于0%时，箭头尾部将向内凹陷，如图6-40所示；小于0%时，箭头尾部将向外凸起，如图6-41所示。

图 6-40

图 6-41

4. 自定形状工具

"自定形状工具" ✿用于绘制 Photoshop 预设的形状，在工具属性栏中单击"形状"下拉按钮，可打开图 6-42 所示的面板，在其中可选择形状进行绘制。还可单击"设置其他形状和路径选项"按钮✿，在打开的快捷菜单中根据需要选择其他类型的形状组。

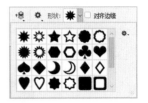

图 6-42

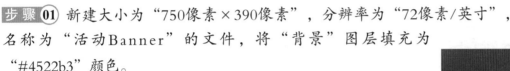

任务实施

↘ 活动1　使用椭圆工具

小艾准备使用椭圆工具制作活动 Banner 的背景，通过绘制多个不同大小的圆形制作出具有层次感的画面，具体操作如下。

微课

使用椭圆工具

步骤 ①1 新建大小为"750像素×390像素"，分辨率为"72像素/英寸"，名称为"活动Banner"的文件，将"背景"图层填充为"#4522b3"颜色。

步骤 ②2 设置前景色为"#8522ca"颜色，选择"画笔工具"✐，在工具属性栏中设置画笔硬度为"0%"，不透明度为"60%"，然后在画面中单击进行绘制，绘制时适当调整画笔大小，效果如图6-43所示。

图 6-43

步骤 ③3 选择"椭圆工具"◯，在工具属性栏中单击"填充"色块，在打开的面板中单击◿按钮取消填充；然后单击"描边"色块，在打开的面板中单击▢按钮，在打开的对话框中设置颜色为"#c1a5e5"，单击 确定 按钮关闭对话框，再在右侧的数值框中设置描边宽度为"26点"。

步骤 ④4 将鼠标指针移至画面中，按住【Shift】键的同时，按住鼠标左键不放并向右下方拖曳以绘制正圆环，得到"椭圆1"图层，然后选择"移动工具"✛，将正圆环移至画面中间位置，效果如图6-44所示。

步骤 ⑤5 将"椭圆 1"图层的不透明度修改为"20%"，然后复制该图层。

步骤 ⑥6 选择复制后的图层，按【Ctrl+T】组合键进入自由变换状态，再按【Shift+Alt】组合键进行中心等比例缩小。

步骤 ⑦7 选择【窗口】/【属性】命令，打开"属性"面板，在"形状细节"栏中修改描边宽度为"2点"，如图6-45所示，效果如图6-46所示。

图 6-44

图 6-45

图 6-46

步骤 08 再次复制"椭圆 1"图层，将复制后的图层适当放大，然后修改描边宽度为"18点"，设置图层不透明度为"80%"，效果如图6-47所示。

步骤 09 使用相同的方法复制多次，并修改圆环的描边宽度及图层不透明度，效果如图6-48所示。

图 6-47   图 6-48

步骤 10 选择所有圆环所在图层，按【Ctrl+E】组合键合并图层，并将合并后的图层重命名为"圆环"。

步骤 11 选择"橡皮擦工具" ，在工具属性栏中设置硬度为"100%"，不透明度为"100%"，然后在圆环中按住鼠标左键不放并拖曳，以擦除部分像素，如图6-49所示。

步骤 12 使用相同的方法擦除其他圆环，效果如图6-50所示。

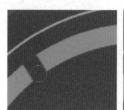

图 6-49   图 6-50

↘ 活动2 　使用圆角矩形工具

制作好活动 Banner 的背景后，小艾先输入相应的活动文字，并添加了图层样式，然后使用圆角矩形工具为部分文字绘制文字背景，以体现出文字之间的差异感，具体操作如下。

微课

使用圆角矩形工具

步骤 01 选择"横排文字工具" T ，设置字体为"方正兰亭准黑_GBK"，字体大小为"98像素"，字体颜色为"白色"，在画面中间输入"潮品好货"文字。

步骤 02 为文字添加"投影"图层样式，设置参数如图6-51所示，然后单击 确定 按钮。再在该文字图层上单击鼠标右键，在弹出的快捷菜单中选择"栅格化文字"命令。

步骤 03 锁定文字图层的不透明度，设置前景色为"#ffff00"颜色，选择"画笔工具" ，在工具属性栏中设置画笔硬度为"100%"，不透明度为"100%"，然后在"潮"字的左下角和"货"字的右上角进行涂抹。

步骤 04 修改前景色为"#01ece5"颜色，然后在"品"字上进行涂抹，将整个"品"字涂抹成蓝色，效果如图6-52所示。

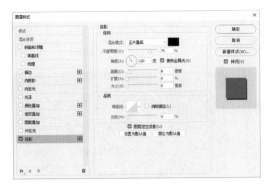

图 6-51　　　　　　　　　　　　图 6-52

✏ **经验之谈**

文字图层不能直接应用部分滤镜效果或使用绘画工具，需要先将文字栅格化，使文字变为图像后才能进行操作。

步骤05 选择"圆角矩形工具"▢，在工具属性栏中设置填充为"#01ece5"颜色，取消描边，在右侧的"半径"数值框中输入"25"，然后将鼠标指针移至画面下方，按住鼠标左键不放并向右下方拖曳以绘制圆角矩形，如图6-53所示。

步骤06 选择"横排文字工具"T，在画面中间输入"超低折扣来袭"文字，然后在圆角矩形中输入"全场商品低至3折起"文字，修改文字颜色为"#180774"，分别调整合适的文字大小，如图6-54所示。

图 6-53　　　　　　　　　　　　图 6-54

↘ 活动3　使用自定形状工具

使用普通的形状工具绘制的图形较为单一，因此老李让小艾使用自定形状工具为活动日期的文字制作特殊的文字背景，具体操作如下。

微课

使用自定形状工具

步骤01 选择"自定形状工具"✍，在工具属性栏中单击"形状"下拉按钮，在打开的面板中单击"设置其他形状和路径选项"按钮✿，然后在弹出的列表中选择"台词框"选项，再在打开的对话框中单击 确定 按钮，"形状"下拉列表将显示图6-55所示的内容。

步骤02 选择▆形状，在工具属性栏中设置填充为"#ffff00"颜色，然后将鼠标指针移至"货"字右上角位置，按住鼠标左键不放并向右下方拖曳以绘制图形，如图6-56所示。

步骤03 选择"横排文字工具"T，在绘制的图形中输入"7月2日至7月10日"文字，适当调整文字大小，并在"段落"面板中设置对齐方式为"居中对齐"。

步骤 04 同时选择图形和文字所在图层，按【Ctrl+T】组合键进入自由变换状态，然后将其旋转一定角度后按【Enter】键完成变换，效果如图6-57所示。

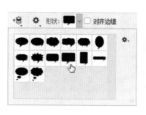

图6-55　　　　　　图6-56　　　　　　　　　图6-57

活动4　使用直线工具

为了丰富活动Banner整体的画面效果，小艾决定再结合直线工具和直接选择工具绘制一些装饰图形，具体操作如下。

微课

使用直线工具

步骤 01 选择"直线工具" ╱，在工具属性栏中设置填充为"#ffff00"颜色，取消描边，在"粗细"文本框中输入"30"，然后将鼠标指针移至圆角矩形左侧，按住鼠标左键不放并向左下方拖曳以绘制直线，如图6-58所示。

步骤 02 选择"直接选择工具" ╲，单击选中直线形状最左侧的锚点，然后将其向左上方拖曳，此时将弹出图6-59所示的对话框，单击 是(Y) 按钮，即可成功改变锚点位置。

步骤 03 再次单击选中直线形状右下角的锚点，然后将其向右下方拖曳，效果如图6-60所示。

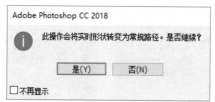

图6-58　　　　　　　　　图6-59　　　　　　　　　图6-60

步骤 04 使用相同的方法绘制多个直线，修改部分直线的颜色为"#01ece5"，再分别使用"直接选择工具" ╲调整直线锚点，效果如图6-61所示。

步骤 05 选择"直线工具" ╱，在"粗细"文本框中输入"2"，在活动Banner中绘制多个填充为"#01ece5""#ffff00"颜色的直线，最终效果如图6-62所示（配套资源：效果\项目6\活动Banner.psd）。将所有直线所在图层创建为"装饰"图层组，然后按【Ctrl+S】组合键保存文件。

图6-61　　　　　　　　　　　　　图6-62

同步实训

↘ 实训1 制作平底锅产品介绍板块

实训要求

　　某网店即将上新一款平底锅，因此需要在详情页中添加产品优势和产品细节，要求图文排版美观，便于消费者浏览。另外，产品优势板块的尺寸要求为750像素×1080像素，产品细节板块的尺寸要求为750像素×1140像素，参考效果如图6-63所示。

图 6-63

实训提示

步骤01 新建大小为"750像素×2220像素"，分辨率为"72像素/英寸"，名称为"平底锅产品介绍板块"的文件。

步骤02 新建位置分别为"40像素""710像素"的垂直参考线和位置为"1080像素"的水平参考线。

步骤03 使用"横排文字工具"T输入"产品优势"文字，适当调整文字的大小和位置。

步骤04 置入"优势1.jpg"素材（配套资源：素材\项目6\优势1.jpg），适当调整图像大小，使其与参考线对齐。

步骤05 新建图层，使用"矩形选框工具"在图像下方创建一个矩形选区，并将其填充为"#d35e2b"颜色。

步骤06 使用"横排文字工具"T在矩形中绘制一个文本框，并在其中输入图6-64所示的文字，适当调整文字的大小、行距和字距等。

步骤07 置入"优势2.jpg"素材（配套资源：素材\项目6\优势2.jpg），适当调整图像大小，将其置于下方。

步骤 **08** 复制"矩形"图层和段落文字所在图层，将其移至"优势2"图像下方，适当调整图像和矩形的位置，并将段落文字修改为图6-65所示的文字。

步骤 **09** 复制"产品优势"图层，将复制的图层名称修改为"产品细节"，然后将与产品优势相关的所有图层创建为"产品优势"图层组。

步骤 **10** 新建位置为"375像素"的垂直参考线，置入"细节1.jpg"素材（配套资源：素材\项目6\细节1.jpg），适当调整图像大小，将其置于左侧位置。

步骤 **11** 新建图层，在图像右侧创建一个与图像等大的矩形选区，然后将选区填充为灰色，如图6-66所示。

图 6-64

图 6-65

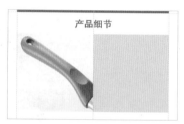

图 6-66

步骤 **12** 使用"横排文字工具" T 在矩形中输入图6-67所示的点文字和段落文字，适当调整文字的大小、字距、行距等，然后在点文字下方创建一个矩形选区，并填充为"#d35e2b"颜色。

图 6-67

步骤 **13** 置入"细节2.jpg""细节3.jpg"素材（配套资源：素材\项目6\细节2.jpg、细节3.jpg），适当调整图像大小，使其以对角的方式放置。

步骤 **14** 复制灰色矩形及其中的所有内容，分别移至其他图像的旁边，并修改为图6-68所示的文字，然后将产品细节相关的图层创建为"产品细节"图层组，完成制作（配套资源：效果\项目6\平底锅产品介绍板块.psd）。

图 6-68

↘ 实训2 制作优惠券板块

实训要求

某店铺计划开展大型促销活动，为此准备制作优惠券板块并投放在店铺首页中。要求采用鲜艳的色彩作为主色调，并将优惠金额放大显示。该优惠券板块的尺寸为750像素×500像素，参考效果如图6-69所示。

图 6-69

实训提示

步骤 **01** 新建大小为"750像素×500像素"，分辨率为"72像素/英寸"，名称为"优惠券板块"的文件。新建位置为"375像素"的垂直参考线。

步骤 **02** 置入"文字背景.png"素材（配套资源：素材\项目6\文字背景.png），将其置于画面上方的中间位置。

步骤 **03** 使用"横排文字工具"T在文字背景中输入"大额优惠券"文字，适当调整大小、颜色等，然后为其应用"扇形"变形样式，适当调整参数，使其贴合文字背景的弧度，如图6-70所示。

图 6-70

步骤 **04** 新建图层，使用"矩形工具"□在文字下方绘制一个橙红色矩形作为红包背景，并使其居中显示。

步骤 **05** 继续使用"矩形工具"□和"椭圆工具"○在红包上创建矩形和正圆，并填充为淡黄色，作为红包的文字背景和按钮，再为正圆添加橙红色描边。

步骤 **06** 使用"横排文字工具"T在矩形中输入红包金额，适当调整文字大小。

步骤 **07** 使用"椭圆工具"○绘制一个椭圆路径，将椭圆的弧度调整为接近按钮的弧度，然后使用"横排文字工具"T在该路径中输入关于优惠券使用门槛的文字，并适当调整文字的位置，效果如图6-71所示。

步骤 **08** 使用"横排文字工具"T在按钮中间输入"领"文字，适当调整大小，然后使用"直接选择工具" 拖曳文字周围的锚点改变文字形状，如图6-72所示。

步骤 **09** 将与红包相关的图层创建为"红包"图层组，然后复制两次该图层组，分别将其向左和向右平移，再修改其中的文字，效果如图6-73所示（配套资源：效果\项目6\优惠券板块.psd）。

图 6-71　　　　　　图 6-72　　　　　　图 6-73

↘ 实训3　制作夏季上新Banner

实训要求

　　某服装店铺即将上新一批夏季服装，需要制作相关的 Banner 用于宣传。该 Banner 的尺寸为 750 像素 × 390 像素，要求突出主题文字，并添加一些图形作为装饰，以丰富视觉效果，参考效果如图 6-74 所示。

图 6-74

实训提示

步骤 **01** 新建大小为"750像素×390像素"，分辨率为"72像素/英寸"，名称为"夏季上新Banner"的文件，将"背景"图层填充为浅绿色。

步骤 **02** 使用"矩形工具"▭在画面下方绘制一个深绿色的矩形。

步骤 **03** 使用"椭圆工具"◯在上方绘制3个不同大小的正圆，并设置填充颜色为深绿色，效果如图6-75所示。

步骤 **04** 使用"矩形工具"▭在Banner中间绘制一个白色的矩形。

步骤 **05** 置入"夏季上新服装.jpg"素材（配套资源：素材\项目6\夏季上新服装.jpg），适当调整图像大小，使其高度与白色矩形相等，然后置于白色矩形右侧，如图6-76所示。

图 6-75

步骤 **06** 使用"横排文字工具"T在白色矩形中输入相关文字，适当调整文字大小和间距等，并使用"矩形工具"▭绘制深绿色矩形，作为部分文字的背景。

图 6-76

步骤 **07** 选择"自定形状工具"⚘，并选择合适的装饰形状，然后在Banner中绘制多个装饰形状，效果如图6-77所示（配套资源：效果\项目6\夏季上新Banner.psd）。

图 6-77

↘ 实训4　制作糕点主图

实训要求

　　某糕点店铺推出一款新品糕点，需要制作主图进行宣传，以吸引消费者点击。主图尺寸为 800 像素 ×800 像素，要求在主图中体现商品卖点及价格优势，从而促进销售，参考效果如图 6-78 所示。

图 6-78

实训提示

步骤 01 新建大小为"800像素×800像素"，分辨率为"72像素/英寸"，名称为"糕点主图"的文件，置入"糕点.jpg"素材（配套资源：素材\项目6\糕点.jpg），适当调整图像的大小和位置。

步骤 02 使用"矩形工具"▢绘制一个淡黄色矩形作为主图边框，再使用"圆角矩形工具"▢在下方绘制一个淡黄色的圆角矩形。

步骤 03 使用"横排文字工具"T在圆角矩形中输入关于商品卖点的文字，然后将文字和圆角矩形同时旋转一定角度，如图6-79所示。

步骤 04 使用"椭圆工具"◯在右下角绘制一个深黄色的正圆，然后复制该图层，并将复制的图层置于原图层下方，修改其填充颜色为白色，再适当移动位置，使两个正圆形成错位效果。

图 6-79

步骤 05 使用"横排文字工具"T在正圆上输入价格文字，适当调整文字大小和行距等，如图6-80所示。

步骤 06 使用"矩形工具"▢在右上角绘制一个淡黄色的正方形，然后复制该图形并中心旋转45度，再在上方输入"新品上市"文字，适当调整文字大小和行距，完成制作（配套资源：效果\项目6\糕点主图.psd）。

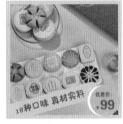

图 6-80

项目小结

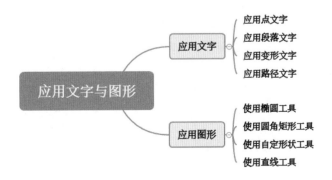

项目 7
创建与应用路径

　　路径是一种不包含像素的轮廓形式，在绘图和抠图中比较常用，在处理图像时能起到很重要的作用，于是老李给小艾安排了两个设计任务，分别是制作手机直通车图和中国风优惠券板块，并让小艾在制作过程中通过路径抠取手机图像，以及通过路径绘制优惠券板块。

➡ 知识目标

- 掌握创建路径的方法。
- 掌握应用路径的方法。

➡ 技能目标

- 能通过创建路径制作手机直通车图。
- 能通过应用路径制作中国风优惠券板块。

➡ 素养目标

- 提升对路径的认知。
- 提高图形创意设计能力。

任务 1 创建路径

任务描述

小艾准备先制作手机直通车图。由于手机的形状较为规则，所以，老李让小艾先使用钢笔工具抠取手机图像，在抠取时要注意细节，然后结合其他钢笔工具绘制路径来优化直通车的画面效果。

知识窗

在创建路径之前，首先要了解路径和锚点的基础知识，以及创建路径的工具。

1. 认识路径和锚点

路径是一种不包含像素的轮廓形式，也是一种矢量对象。路径主要由曲线或直线、锚点、控制柄组成，如图 7-1 所示。

- 锚点：锚点是线段之间用于连接的点。当锚点显示为黑色实心时，表示该锚点为选择状态，可以进行编辑；当锚点显示为空心时，则表示该锚点未被选择。路径中的锚点主要有平滑点和角点两种，其中平滑点可以形成曲线，角点可以形成直线或转角曲线。

- 控制柄：选择平滑点时，该锚点上将出现控制柄，用于调整直线或曲线的位置、长短、弯曲度等。

路径可以根据线条的类型分为直线路径和曲线路径，也可以根据起点与终点的位置分为开放路径和闭合路径，如图 7-2 所示。

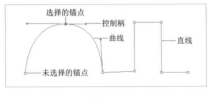

图 7-1

图 7-2

2. 认识"路径"面板

用户可通过选择【窗口】/【路径】命令打开"路径"面板，如图 7-3 所示。

下面对其中的选项进行介绍。

- 工作路径："工作路径"是"路径"面板中的临时路径，在没有新建路径时，所有的路径操作都在"工作路径"中进行，而其上方的"路径 1"是存储后的工作路径。

图 7-3

- "用前景色填充路径" 按钮 ● ：单击该按钮，可使用前景色填充路径，所选路径必须为封闭路径。
- "用画笔描边路径" 按钮 ○ ：单击该按钮，可使用当前设置的画笔样式对所选路径进行描边。
- "将路径作为选区载入" 按钮 ⊙ ：单击该按钮，可将所选路径作为选区载入。若所选路径为开放路径，将自动以闭合路径的范围载入选区。
- "从选区生成工作路径" 按钮 ◇ ：单击该按钮，可将创建的选区转换为路径，并保存在 "工作路径" 中。
- "添加图层蒙版" 按钮 ▣ ：单击该按钮，可为所选路径添加蒙版。
- "创建新路径" 按钮 ▯ ：单击该按钮，将新建一个路径。
- "删除当前路径" 按钮 ▮ ：单击该按钮，可删除所选路径。

3. 钢笔工具组

使用形状工具组在 "路径" 模式下可以直接创建固定形状的封闭路径，而使用钢笔工具组可以灵活地创建路径，钢笔工具组中主要有以下 3 种绘制路径的工具。

- "钢笔工具" ⬤ ：用于精确地创建直线路径和曲线路径。
- "自由钢笔工具" ⬤ ：用于创建自由的路径。若在工具属性栏中单击选中 "磁性的" 复选框，可将该工具转换为磁性钢笔工具，用于创建与图像中部分区域边缘对齐的路径。
- "弯度钢笔工具" ⬤ ：用于创建直线路径或平滑的曲线路径，在绘制时无须切换工具就能创建、切换、编辑、添加或删除平滑点或角点。

✎ 经验之谈

创建好的路径可以直接填充和描边，也可以将路径转换为选区或形状后再进行操作。

任务实施

↘ 活动1 使用钢笔工具创建

小艾准备使用钢笔工具抠取手机图像，具体操作如下。

微课

使用钢笔工具创建

步骤 01 打开 "手机1.jpg" 素材（配套资源：素材\项目7\手机1.jpg），选择 "钢笔工具" ⬤ ，放大画面，在手机左上角处单击鼠标，单击处将出现一个锚点，如图7-4所示。

步骤 02 将鼠标指针移至左侧弧线结束的位置，按住鼠标左键不放并向右下方拖曳以创建曲线路径，在拖曳时要注意角度和距离对曲线路径弧度的影响，使其与手机的边缘重合，然后释放鼠标，该锚点（平滑点）两侧将出现控制柄，如图7-5所示。

步骤 03 按住【Alt】键的同时将鼠标指针移至刚刚创建的平滑点处，当鼠标指针变为 ▷ 形状

时单击，将该平滑点转换为角点，

步骤 04 将鼠标指针移至手机的左下角位置，在凸出部分的边缘处单击鼠标创建锚点，此时可自动创建直线路径，如图7-6所示。

 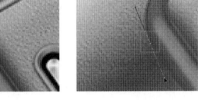 

图 7-4 图 7-5 图 7-6

✎ **经验之谈**

在绘制直线路径时，按住【Shift】键的同时单击鼠标，可绘制以水平、垂直或以45°角度为增量的直线路径。

步骤 05 使用相同的方法沿着手机的边缘依次绘制曲线、直线和曲线的路径，如图7-7所示。

步骤 06 继续沿着手机的边缘创建路径，如图7-8所示。

 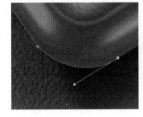 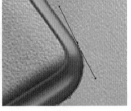

图 7-7 图 7-8

步骤 07 将鼠标指针移至起点的锚点处，当鼠标指针变为 形状时，单击鼠标左键以闭合路径，最终路径如图7-9所示。

步骤 08 为便于后期修改或防止路径被误删，可选择【窗口】/【路径】命令打开"路径"面板，双击"工作路径"，打开"存储路径"对话框，在"名称"文本框中输入"商品"，然后单击 确定 按钮，将路径存储在文件中。

图 7-9

步骤 09 单击"路径"面板中的"将路径作为选区载入"按钮 ，将路径转换为选区，按【Ctrl+Shift+I】组合键反选选区，然后按【Ctrl+J】组合键将选区内容复制到新图层中，隐藏"背景"图层，手机图像的抠取效果如图7-10所示。

✎ **经验之谈**

将路径转换为选区后，路径将自动隐藏。若需要使用该路径，可在"路径"面板中单击相应的路径图层即可显示。

图 7-10

步骤 ⑩ 打开"手机2.jpg"素材（配套资源：素材\项目7\手机2.jpg），使用相同的方法将其中的手机抠取出来。

↘ 活动2 使用弯度钢笔工具创建

微课

使用弯度钢笔
工具创建

小艾抠取完手机图像后，准备使用弯度钢笔工具绘制直通车图中的文字背景，具体操作如下。

步骤 ⑴ 新建大小为"800像素×800像素"，分辨率为"72像素/英寸"，名称为"手机直通车图"的文件。

步骤 ⑵ 选择"弯度钢笔工具" 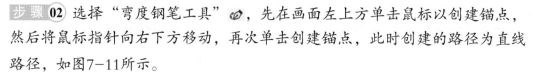，先在画面左上方单击鼠标以创建锚点，然后将鼠标指针向右下方移动，再次单击创建锚点，此时创建的路径为直线路径，如图7-11所示。

步骤 ⑶ 继续将鼠标指针向左下方移动，然后单击创建锚点，此时Photoshop将自动生成平滑的曲线路径，如图7-12所示。

🖉 经验之谈

在使用"弯度钢笔工具" 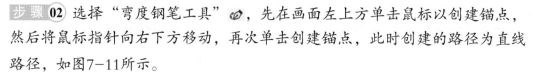 绘制路径时，路径的第一段将显示为直线，在创建第三个锚点后，Photoshop将自动在锚点之间生成平滑的曲线路径。若是要绘制直线路径，则需要在创建锚点时双击鼠标进行创建。在后续的绘制中，可通过单击或双击鼠标控制接下来的路径为直线或曲线。

步骤 ⑷ 若是曲线路径的弧度不能满足需求，可直接将鼠标指针移至需要调整的锚点处，当鼠标指针变为▶形状时，按住鼠标左键不放向右下方拖曳，如图7-13所示。

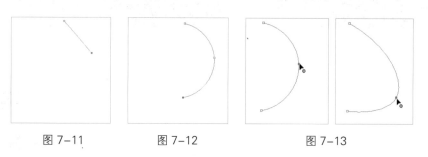

图 7-11　　　　图 7-12　　　　图 7-13

🖉 经验之谈

在调整曲线弧度时，将鼠标指针移至路径中，当鼠标指针变为形状时，单击可添加锚点；将鼠标指针移至锚点处，单击选中该锚点后，按【Delete】键可直接删除该锚点。

步骤 ⑸ 使用相同的方法继续在下方单击鼠标创建锚点，在创建最下方的锚点时，通过双击鼠标进行创建，以便绘制直线路径，然后适当调整锚点位置，如图7-14所示。

步骤 ⑹ 沿着边框线继续双击鼠标创建锚点，以生成直线路径，最后将鼠标指针移至起始的锚点处，当鼠标指针变为形状时双击鼠标以闭合路径，如图7-15所示。

步骤 ⑺ 新建图层并重命名为"文字背景"，设置前景色为"#fea070"颜色，然后单击"路径"面板中的"用前景色填充路径"按钮●填充路径。

步骤 08 在"路径"面板中双击"工作路径"，打开"存储路径"对话框，在"名称"文本框中输入"文字背景"后单击 确定 按钮，将路径存储在文件中，然后单击"路径"面板中的空白区域，取消显示路径，效果如图7-16所示。

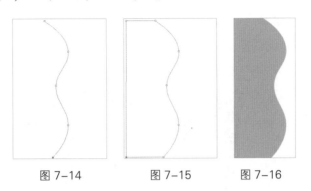

图 7-14　　　　图 7-15　　　　图 7-16

活动3　使用自由钢笔工具创建

为了完善画面，小艾打算使用自由钢笔工具绘制一个与文字背景右侧弧度相同的曲线作为装饰，最后再输入相关的文字信息，具体操作如下。

微课

使用自由钢笔
工具创建

步骤 01 在"路径"面板中单击"创建新路径"按钮，然后双击新建的"路径 1"图层，将其重命名为"线条1"。

步骤 02 选择"自由钢笔工具"，在工具属性栏中单击选中"磁性的"复选框，然后将鼠标指针移至文字背景的右上方处，单击以创建锚点。

步骤 03 将鼠标沿着右侧的波浪移动，将自动创建锚点，且之间的路径会与图像中对比强烈的边缘对齐，如图7-17所示。

步骤 04 将鼠标沿着边界移动一直到波浪的最下方，然后单击创建锚点，再按【Enter】键完成路径的创建，如图7-18所示。

步骤 05 选择"画笔工具"，在工具属性栏中设置画笔大小为"2像素"，画笔硬度为"100%"，再设置前景色为"#fea070"颜色。

步骤 06 新建图层并重命名为"线条2"，然后单击"路径"面板中的"用画笔描边路径"按钮描边路径，然后将该图层复制4次，适当调整位置，效果如图7-19所示。

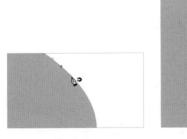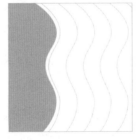

图 7-17　　　　　　图 7-18　　　　　　图 7-19

步骤 07 将活动1中抠取的手机图像添加至"手机直通车图"文件中，适当调整大小和位置，并适当进行旋转，再添加"投影"图层样式，设置角度、距离、扩展、大小分别为128度、5像素、0%、9像素，效果如图7-20所示。

步骤 08 选择"圆角矩形工具" ，设置填充颜色为"#ff7e3e"，取消描边，在左侧绘制一个圆角矩形。

步骤 09 使用"横排文字工具" **T** 在文字背景和圆角矩形中输入图7-21所示的文字，分别设置字体为"方正大黑简体""方正黑体简体"，然后适当调整文字大小和颜色，按【Ctrl+S】组合键保存文件（配套资源：效果\项目7\手机直通车图.psd）。

图 7-20   图 7-21

任务 2　应用路径

任务描述

通过手机直通车图的制作，小艾对钢笔工具组的使用更加熟练，于是老李让她应用路径制作中国风优惠券板块，在制作时需要对路径及其上方的锚点进行编辑、对齐等操作，以更好地调整优惠券形状。

任务实施

↘ 活动1　编辑路径和锚点

小艾在使用钢笔工具绘制优惠券的主体形状时，老李告诉她在创建路径后，可以通过工具及参考线调整路径和锚点，具体操作如下。

微课

编辑路径和锚点

步骤 01 新建大小为"750像素×500像素"，分辨率为"72像素/英寸"，名称为"中国风优惠券"的文件，将"背景"图层填充为"#9e1e15"颜色。

步骤 02 选择"圆角矩形工具" □，取消填充，设置描边颜色为"#ffd5a7"，描边宽度为"4像素"，在画面中绘制一个边框。

步骤 03 使用"钢笔工具" ✍ 在画面左侧绘制图7-22所示的路径作为优惠券的形状，然后分别以左侧和上方的锚点为基准创建水平参考线与垂直参考线，如图7-23所示。

步骤 04 放大画面，选择"直接选择工具" ▷，将鼠标指针移至锚点上方，然后按住鼠标左键不放并拖曳至参考线位置后释放鼠标，如图7-24所示，使其与左侧的锚点对齐。使用相同的方法调整该路径中其他锚点的位置。

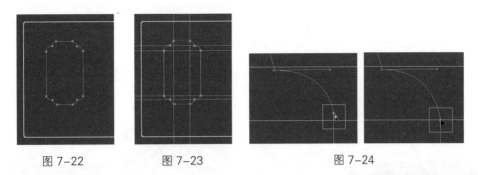

图 7-22　　　　图 7-23　　　　　　图 7-24

步骤 05 统一锚点位置后，若两侧路径的弧度不同，可使用
"直接选择工具" 单击选中曲线周围的锚点，拖曳该锚点
的控制柄，以调整曲线的形状，如图7-25所示。使用相同的
方法调整其他路径的弧度。

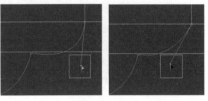

图 7-25

步骤 06 在"路径"面板中双击"工作路径"图层，打开
"存储路径"对话框，在"名称"文本框中输入"优惠券"后单击 按钮，将路径存储在
文件中，然后清除所有参考线。

步骤 07 设置前景色为"#1a3465"颜色，新建图层并重命名为"优惠券背景"，然后单击
"路径"面板中的"用前景色填充路径"按钮 填充路径。

步骤 08 选择"路径选择工具" ，单击选中路径，按【Ctrl+T】组合键进入自由变换状
态，将鼠标指针移至右上角，当鼠标指针变为 形状时，按住【Shift+Alt】组合键的同时，
按住鼠标左键不放并向左下角拖曳，以等比例缩小路径，如图7-26所示。

步骤 09 设置前景色为"#bfc8e5"颜色，新建图层并重命名为"优惠券边框"，然后单击
"路径"面板中的"用画笔描边路径"按钮 描边路径，按【Ctrl+H】组合键隐藏路径，效
果如图7-27所示。

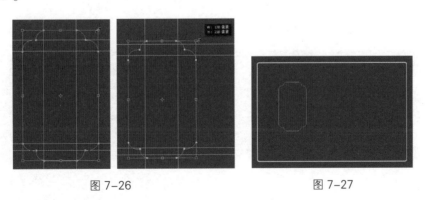

图 7-26　　　　　　　　　图 7-27

↘ 活动2　对齐与分布路径

　　小艾绘制好优惠券的主体形状后，准备开始制作优惠券上的装饰元素及
文字部分，具体操作如下。

微课

对齐与分布路径

步骤 01 分别使用"椭圆工具" 和"圆角矩形工具" 在优惠券顶部绘制
图7-28所示的形状。

步骤 02 按住【Shift】键的同时，使用"路径选择工具" 单击步骤01中绘

制的2个路径及优惠券边框路径，然后在工具属性栏中单击 按钮，在弹出的下拉列表中选择"水平居中"选项，如图7-29所示，效果如图7-30所示。

步骤 **03** 按住【Shift】键适当调整路径的上下位置，然后分别新建图层，为其添加"1像素，#bec7e4"的描边与"#9e1e15"的填充，效果如图7-31所示。

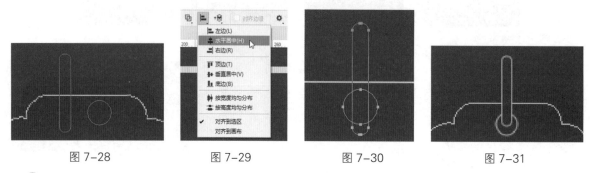

图 7-28　　　　　　图 7-29　　　　　　图 7-30　　　　　　图 7-31

步骤 **04** 使用"直线工具" 在优惠券下方绘制一个填充颜色为"#bfc8e5"、粗细为"2像素"的直线。

步骤 **05** 使用"圆角矩形工具" 和"矩形工具" 在直线下方绘制图7-32所示的形状。

步骤 **06** 使用"直接选择工具" 框选矩形路径左侧的两个锚点，按住鼠标左键不放并向下拖曳，释放鼠标后在弹出的对话框中单击 是(Y) 按钮以改变路径形状。

步骤 **07** 选择"路径选择工具" ，按住【Alt+Shift】组合键，将鼠标指针移至矩形路径上方，当鼠标指针变为 形状时，按住鼠标左键不放并向下拖曳以垂直复制矩形路径，使用相同的方法再复制两次，如图7-33所示。

步骤 **08** 同时选中4个矩形路径，在工具属性栏中单击 按钮，在弹出的下拉列表中选择"按高度均匀分布"选项，效果如图7-34所示。

步骤 **09** 新建图层，将圆角矩形路径填充为"#bfc8e5"颜色，将4个矩形路径填充为"#1a3465"颜色，然后按【Ctrl+H】组合键隐藏路径，效果如图7-35所示。

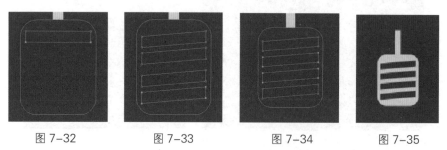

图 7-32　　　　　　图 7-33　　　　　　图 7-34　　　　　　图 7-35

步骤 **10** 使用"钢笔工具" 继续在下方绘制图7-36所示的形状作为流苏，然后新建图层，为该路径添加"#bfc8e5"颜色的描边，效果如图7-37所示。将优惠券形状所在的所有图层创建为"文字背景"图层组。

步骤 **11** 使用"圆角矩形工具" 绘制图7-38所示的形状，并分别填充为"#ffd5a7"和"#9e1e15"颜色。

步骤 **12** 使用"横排文字工具" T 在图形中输入图7-39所示的文字，分别设置字体为"方正黄草简体""方正黑体简体""方正北魏楷书简体"，然后适当调整文字大小和颜色。

步骤 13 将文字背景及文字图层创建为"优惠券1"图层组，然后将其向右复制两个，适当调整位置并修改文字内容，效果如图7-40所示。

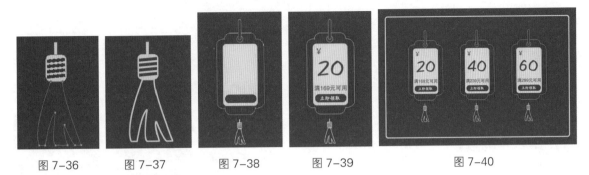

图 7-36　　图 7-37　　图 7-38　　图 7-39　　图 7-40

↘ 活动3　运算路径

小艾觉得画面还有些单调，便准备通过运算路径绘制祥云的线条效果，具体操作如下。

微课

运算路径

步骤 01 隐藏优惠券相关图层，便于后续进行绘制，然后在"路径"面板中新建"云"路径图层。

步骤 02 选择"圆角矩形工具" ▢，在工具属性栏中设置工具模式为"路径"，半径为"10像素"，然后单击 ▣ 按钮，在弹出的下拉列表中选择"合并形状"选项，如图7-41所示。

步骤 03 在画面中绘制图7-42所示的4个圆角矩形。切换到"路径选择工具" ▸，选择4个路径，然后单击工具属性栏中的 ▣ 按钮，在弹出的下拉列表中选择"合并形状组件"选项，效果如图7-43所示。

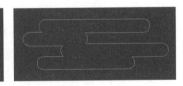

图 7-41　　　　　　　图 7-42　　　　　　　图 7-43

步骤 04 新建图层并重命名为"云"，然后为合并后的路径添加"2像素、#ffd5a7"的描边，再复制3次该图层，适当调整大小，分别移至画面的左上角和右下角，如图7-44所示。

步骤 05 将画面中的边框所在图层转换为普通图层，然后使用"橡皮擦工具" ▱ 对左上角及右下角的线条进行擦除，并显示优惠券相关图层，最终效果如图7-45所示（配套资源：效果\项目7\中国风优惠券.psd）。

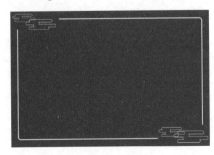
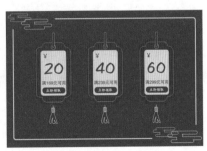

图 7-44　　　　　　　　　　图 7-45

同步实训

↘ 实训1　制作彩妆直通车图

实训要求

　　某彩妆品牌旗下的一款眼影需要制作直通车图，用于参加促销活动，要求突出价格优势，并写明活动详情，尺寸为800像素×800像素，参考效果如图7-46所示。

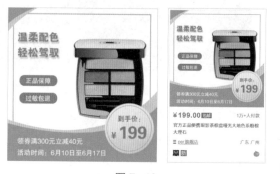

图 7-46

实训提示

步骤 01 打开"彩妆.jpg"素材（配套资源：素材\项目7\彩妆.jpg），使用"钢笔工具" ⌀ 沿着彩妆的外观创建路径，然后将路径转换为选区，再将选区内容复制到新图层中。

步骤 02 新建大小为"800像素×800像素"，分辨率为"72像素/英寸"，名称为"彩妆直通车图"的文件。

步骤 03 使用"矩形工具"▢绘制一个描边颜色为"#da8f69"的正方形边框。

步骤 04 使用"弯度钢笔工具" ⌀ 在下方绘制2个带有平滑波浪线的封闭路径，新建图层，然后分别填充为浅橘色和深橘色，再将抠取的商品图像拖曳至"彩妆直通车"文件中，如图7-47所示。

步骤 05 使用"椭圆工具" ⬭ 在右下角绘制一个正圆，然后为其添加"渐变叠加"图层样式，渐变颜色为"白色～#f3c5a9"。

步骤 06 复制正圆所在图层，将复制图层等比例缩小，然后取消填充，设置描边为"2像素、#da8f69"。

图 7-47

步骤 07 使用"横排文字工具" T 在下方输入图7-48所示的文字，适当调整字体、文字大小、颜色、行距等。

步骤 08 继续使用"横排文字工具" T 在左上角输入"温柔配色轻松驾驭"文字，适当调整文字大小和行距等，并为其添加"投影"图层样式。

图 7-48

步骤 09 使用"圆角矩形工具"▢在下方绘制两个圆角矩形作为文字背景，然后在其上分别输入"正品保障""过敏包退"文字，并适当调整文字大小。

图 7-49

步骤 ⑩ 使用"弯度钢笔工具"✏️在左上角绘制2个具有平滑曲线的封闭路径，新建图层，然后分别填充为浅橘色和深橘色，最终效果如图7-49所示（配套资源：效果\项目7\彩妆直通车图.psd）。

📚 素养小课堂

　　色彩是设计中的重要元素之一，因此，网店美工在处理图像时，要具备良好的色彩分析能力，并掌握多种色彩搭配的技巧，如相似色、对比色和互补色的运用，使画面的整体风格呈现出更佳的视觉效果。

↘ 实训2　制作美食Banner

实训要求

　　美食节即将来临，某网店准备制作 Banner 投放到网店首页中，并将网店中的螺蛳粉商品作为主打卖品，要求画面色彩与商品相契合，并展示出美食节的优惠活动，Banner 尺寸为 1280 像素 ×720 像素，参考效果如图 7-50 所示。

图 7-50

实训提示

步骤 ① 新建大小为"1280像素×720像素"，分辨率为"72像素/英寸"，名称为"美食Banner"的文件，将"背景"图层填充为"#ffefe5"颜色。

步骤 ② 在"路径"面板中新建路径图层，使用"弯度钢笔工具"✏️在左侧绘制带波浪的封闭路径，转换为选区后新建图层，为其填充浅橙色到深橙色的渐变色。

步骤 ③ 新建路径图层和普通图层，使用"弯度钢笔工具"✏️在图形中绘制曲线的闭合路径，然后将其填充为深橙色，如图7-51所示，然后将左侧的两个图形所在图层创建为图层组。

步骤 ④ 使用相同的方法在右侧绘制类似的曲线路径并进行填充，如图7-52所示，再将其创建为图层组。

步骤 ⑤ 新建路径图层和普通图层，使用"弯度钢笔工具"✏️在深色的图形中绘制多个曲线路径，然后使用较浅的颜色进行描边，效果如图7-53所示。

图 7-51　　　　图 7-52　　　　图 7-53

步骤 06 打开"美食.jpg"素材（配套资源：素材\项目7\美食.jpg），使用"钢笔工具" 沿着碗的边缘创建路径，封闭路径后使用"直接选择工具" 对锚点和路径进行调整，使其周围不会出现杂色。再将路径转换为选区，将选区内容复制到新图层中。

步骤 07 将抠取的美食图像添加至"美食Banner"文件中，适当调整大小，并为其添加"投影"图层样式，增加立体感。

步骤 08 使用"横排文字工具" T 在左上角输入"传统美食 柳州螺蛳粉"文字，适当调整文字大小和行距等，并为其添加白色的"描边"图层样式。

步骤 09 新建路径图层，使用"圆角矩形工具" 在文字下方绘制4个等大的圆角矩形作为文字背景，然后利用对齐与分布路径使其等距离分布，如图7-54所示。

图 7-54

步骤 10 新建图层，将路径填充为橙色，然后在其上分别输入"鲜""爽""酸""辣"文字，适当调整文字大小。

步骤 11 使用"圆角矩形工具" 绘制一个圆角矩形作为文字背景，然后在其中输入"美食节 全场美食第二件半价"文字，完成制作（配套资源：效果\项目7\美食Banner.psd），效果如图7-55所示。

图 7-55

↘ 实训3 制作耳机海报

实训要求

　　某耳机网店即将上新一款无线耳机，需要制作海报投放在网店首页中，以便将该耳机的卖点以及具体开售时间告知消费者。要求画面简单大方，文字信息一目了然且具有层次感，突出展示商品的外观，海报尺寸大小为 500 像素 ×800 像素，参考效果如图 7-56 所示。

图 7-56

实训提示

步骤 01 新建大小为"500像素×800像素"，分辨率为"72像素/英寸"，名称为"耳机海报"的文件，置入"耳机海报背景.jpg"素材（配套资源：素材\项目7\耳机海报背景.jpg）。

步骤 02 新建路径，使用"椭圆工具" 在下方绘制一个椭圆路径，新建图层后将其填充为浅灰色。

步骤 03 使用"路径选择工具" 将椭圆路径向下移动，然后使用"矩形工具" 绘制一个与椭圆等宽的矩形，并通过运算合并路径。

步骤 04 将合并路径转换为选区，新建图层，使用"渐变工具" 将其填充为浅灰色到深灰色的渐变，制作出立体的圆台效果，如图7-57所示。

步骤05 使用相同的方法继续在下方绘制一个略大的圆台，适当加深颜色并调整图层顺序。

图 7-57

步骤06 复制下方圆台底层的椭圆图层，在"图层"面板中将复制后的椭圆图层移至下方圆台图层下方，然后为复制后的椭圆图层添加"外发光"图层样式，效果如图7-58所示，将圆台所有相关图层创建为图层组。

图 7-58

步骤07 打开"耳机.jpg"素材（配套资源：素材\项目7\耳机.jpg），使用"钢笔工具"沿着耳机形状创建路径，然后将该路径转换为选区，抠取耳机图像并复制到新图层中，再将抠取的耳机图像添加至"耳机海报"中，适当调整大小，将其放置在圆台上方。

步骤08 新建图层并重命名为"阴影"，使用"椭圆选区工具"在耳机下方绘制一个椭圆选区，适当羽化后将其填充为黑色，然后修改图层的不透明度为"50%"。

步骤09 使用"矩形工具"绘制一个矩形路径，然后将其复制多个，并适当调整位置，利用分布路径将所有路径等距离排列，然后填充为淡黄色，并设置图层的不透明度为"20%"，再将其移至耳机后方，如图7-59所示。

步骤10 使用"横排文字工具"T在海报上方输入图7-60所示的文字，适当调整文字大小，并为"舒适降噪 沉浸世界"文字填充渐变色，再为其添加"斜面和浮雕"图层样式。

步骤11 按【Ctrl+S】组合键保存文件，完成制作（配套资源：效果\项目7\耳机海报.psd）。

图 7-59

图 7-60

项目小结

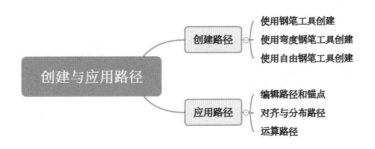

项目 8
应用蒙版与通道

老李交给小艾 4 个商品详情页的设计任务，分别是蛋黄酥、沃柑、纸皮核桃和护肤品详情页。小艾感到有些难以下手，老李告诉小艾可以应用蒙版与通道进行制作，蒙版可用于调整图像合成的范围，而通道不仅可用于更改图像色彩，还能用于抠取水花、婚纱等复杂图像。

→ 知识目标

- 掌握不同蒙版的使用方法。
- 掌握通道的基本操作。

→ 技能目标

- 能应用不同的蒙版制作食物详情页。
- 能应用通道制作护肤品详情页。

→ 素养目标

- 培养对商品详情页内容的设计与布局能力。
- 通过对通道的认识和理解，提高对通道的学习兴趣。

任务 1 应用蒙版

任务描述

不同蒙版的作用及原理基本相似，都能够控制图像的显示范围，因此小艾准备根据不同商品的图像特征，分别使用不同的蒙版制作蛋黄酥、沃柑和纸皮核桃的商品详情页。

知识窗

Photoshop 提供了 4 种不同的蒙版，用户在设计时可根据具体情况进行选择。

1. 图层蒙版

图层蒙版是一个具有 256 级色阶的灰度图像，它本身不可见，但能够起到隐藏图层部分区域的作用。

在"图层"面板中选择图层后，单击"添加图层蒙版"按钮□，该图层右侧将出现图层蒙版。在图层蒙版中，黑色区域的蒙版表示完全隐藏，白色区域的蒙版表示完整显示，灰色区域的蒙版表示呈半透明状态显示，且灰色越接近黑色，半透明状态越明显，如图 8-1 所示。

图层蒙版是位图图像，因此可以使用大多数的工具和滤镜进行编辑，其中常用的有"画笔工具"🖉和"渐变工具"■。编辑图层蒙版的操作方法如下：选择图层蒙版，选择相应的工具，然后修改图层蒙版中的颜色。将图层蒙版中的色彩修改为黑色，可隐藏修改区域；修改为白色，可完全显示修改区域；修改为灰色，则可半透明显示修改区域。图 8-2 所示为使用黑色的"画笔工具"🖉涂抹图层蒙版的效果。

图 8-1

图 8-2

2. 剪贴蒙版

剪贴蒙版由基底图层和内容图层组成，可以使用一个基底图层控制一个或多个内容图层的显示区域。

在"图层"面板中需要创建剪贴蒙版的图层（即内容图层）上单击鼠标右键，在弹出的快捷菜单中选择"创建剪贴蒙版"命令，即可创建剪贴蒙版。其中，基底图层位于内容图层下方，且基底图层的名称带有下划线，而内容图层的缩览图是向右缩进显示的，且左侧带有↓图标，如图 8-3 所示。

图 8-3

3. 矢量蒙版

矢量蒙版是使用形状工具组、钢笔工具组等矢量绘图工具创建的蒙版，可以随时调整与编辑路径节点，以创建精确的蒙版区域，如图 8-4 所示。

图 8-4

4. 快速蒙版

快速蒙版可以将图像中的某一部分创建为选区。选择图层后，在工具箱中单击"以快速蒙版模式编辑"按钮▣，然后使用"画笔工具"✎进行涂抹，涂抹区域将变为红色，然后再次单击"以快速蒙版模式编辑"按钮▣，涂抹区域将自动生成选区，如图 8-5 所示。

图 8-5

需要注意的是，快速蒙版的作用范围是整个图像，而不只是当前图层。

任务实施

↘ 活动1　应用剪贴蒙版

小艾准备先应用剪贴蒙版制作蛋黄酥详情页，通过椭圆、圆角矩形和矩形形状的剪贴蒙版控制图像的显示范围，具体操作如下。

步骤01 新建大小为"750像素×3000像素"，分辨率为"72像素/英寸"，名称为"蛋黄酥详情页"的文件，将"背景"图层填充为"#f4d78d"颜色。

微课

应用剪贴蒙版

步骤 02 新建位置为"30像素""720像素"的垂直参考线和位置为"550像素"的水平参考线。

步骤 03 选择"横排文字工具"**T**，设置字体为"方正粗宋简体"，字体颜色为"黑色"，在画面上方分别输入"经典蛋黄酥""一口四层 香软甜酥"文字，适当调整文字大小和字距等，并使文字居中显示。

步骤 04 选择"椭圆工具"◯，取消描边，设置填充为"白色"，按住【Shift】键在左侧绘制一个正圆，使其与参考线对齐，如图8-6所示。

步骤 05 置入"蛋黄酥1.jpg"素材（配套资源：素材\项目8\蛋黄酥1.jpg），将其置于白色正圆上方，并适当调整大小，使其覆盖白色正圆。

步骤 06 在"蛋黄酥1"图层上方单击鼠标右键，在弹出的快捷菜单中选择"创建剪贴蒙版"命令，该图层左侧将出现↓图标，而下方的图层名称将出现下划线，如图8-7所示。画面中"蛋黄酥1"图像将以正圆的形状显示，如图8-8所示。

图 8-6

图 8-7

图 8-8

✎ **经验之谈**

按住【Alt】键，将鼠标指针移至基底图层和内容图层之间的分界线上，当鼠标指针变为↓□形状时，单击鼠标即可创建剪贴蒙版。另外，若是对调整内容图层的显示范围不满意，可直接选择内容图层后按【Ctrl+T】组合键进行调整。

步骤 07 使用"圆角矩形工具"◻在图像右侧绘制5个等大的白色圆角矩形，然后选择"横排文字工具"**T**，设置字体为"方正黑体简体"，字体颜色分别为"黑色""#ec5b00"，分别输入图8-9所示的文字，适当调整文字大小和位置。

图 8-9

步骤 08 将与产品介绍相关的图层创建为"产品介绍"图层组。

步骤 09 新建位置为"1560像素"的水平参考线，然后使用"横排文字工具"**T**在中间输入"甄选原料"文字，设置字体为"方正粗宋简体"，字体颜色为"黑色"。

步骤 10 使用"椭圆工具"◯在左侧绘制图8-10所示的两个椭圆，分别填充"白色"和"#f77828"颜色，并为白色椭圆添加"2像素、白色"描边。

步骤 11 置入"蛋黄酥2.jpg"素材（配套资源：素材\项目8\蛋黄酥2.jpg），将其放置在白色椭圆上方，适当调整大小，然后为其创建剪贴蒙版，效果如图8-11所示。

步骤 ⑫ 选择"横排文字工具" **T**，在图像右侧输入图8-12所示的文字，设置字体为"方正仿宋_GBK"，文字颜色为"黑色"和"#f77828"，适当调整文字大小和位置，然后使用"矩形工具" □ 在"咸鸭蛋黄"文字下方绘制一个填充为"#f77828"颜色的矩形。

图 8-10

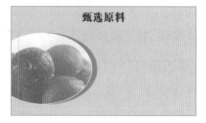

图 8-11

图 8-12

步骤 ⑬ 复制2次绘制的椭圆和文字部分，分别调整位置，并将图像换为"蛋黄酥3.jpg""蛋黄酥4.jpg"素材（配套资源：素材\项目8\蛋黄酥3.jpg、蛋黄酥4.jpg），然后修改相应文字，效果如图8-13所示。

步骤 ⑭ 将与甄选原料相关的所有图层创建为"甄选原料"图层组。

步骤 ⑮ 复制"甄选原料"文字图层，修改文字为"产品展示"，然后将其移至"甄选原料"板块下方。

步骤 ⑯ 使用"矩形工具" □ 在下方绘制一个与参考线对齐的矩形，然后置入"蛋黄酥5.jpg"素材（配套资源：素材\项目8\蛋黄酥5.jpg），将其置于矩形上方，适当调整大小后为其创建剪贴蒙版，效果如图8-14所示。

图 8-13

步骤 ⑰ 向下复制2次绘制的矩形，置入"蛋黄酥6.jpg""蛋黄酥7.jpg"素材（配套资源：素材\项目8\蛋黄酥6.jpg、蛋黄酥7.jpg），适当调整大小、位置及图层顺序，然后分别为其创建剪贴蒙版。

步骤 ⑱ 使用"裁剪工具" ⛏ 剪去画面下方多余的部分，最终效果如图8-15所示（配套资源：效果\项目8\蛋黄酥详情页.psd）。

图 8-14

图 8-15

经验之谈

商品详情页是指通过图文的方式介绍商品的外观、材料、功能等，需要引发消费者的兴趣，充分展现出商品的卖点及优势，激发消费者的潜在需求，从而促使消费者购买该商品。

↘ 活动2 应用图层蒙版

小艾观察了沃柑图像后，准备应用图层蒙版制作沃柑详情页，制作时，直接利用选区工具决定需要显示的画面，具体操作如下。

微课
应用图层蒙版

步骤01 新建大小为"750像素×1960像素"，分辨率为"72像素/英寸"，名称为"沃柑详情页"的文件。

步骤02 新建位置为"30像素""720像素"的垂直参考线和位置为"500像素"的水平参考线。

步骤03 置入"沃柑1.jpg"素材（配套资源：素材\项目8\沃柑1.jpg），适当调整大小，使其与画布边缘对齐，如图8-16所示，此时图像高度略高，因此需要进行调整。

步骤04 使用"矩形选框工具"▫沿画布边缘和水平参考线绘制矩形选区，然后在"图层"面板中选择"沃柑1"图层，单击下方的"添加图层蒙版"按钮▫，该图层右侧将出现图层蒙版，如图8-17所示。此时画面中"沃柑1"图像将以绘制选区的形状显示，如图8-18所示。

图8-16   图8-17   图8-18

经验之谈

创建选区后，选择【图层】/【图层蒙版】命令，在弹出的子菜单中选择"显示全部"命令，可创建白色的图层蒙版；选择"隐藏全部"命令，可创建黑色的图层蒙版；选择"显示选区"命令，可创建只显示选区内容的图层蒙版；选择"隐藏选区"命令，可创建隐藏选区内容的图层蒙版；选择"从透明区域"命令，可将透明像素转换为不透明的颜色隐藏在创建的图层蒙版下。

步骤05 选择"圆角矩形工具"▢，设置填充颜色为"#c83a2c"，描边颜色为"白色"，描边宽度为"4像素"，半径为"35像素"，在左上角绘制一个圆角矩形作为文字背景。

步骤06 选择"直排文字工具"↓T，设置字体为"方正粗宋简体"，字体颜色为"白色"，在圆角矩形中输入"武鸣沃柑"文字。

步骤07 新建位置为"950像素"的水平参考线，使用"横排文字工具"T在下方输入"适宜的生长环境"文字，并设置文字颜色为"#c83a2c"。

步骤 08 置入"沃柑2.jpg"素材（配套资源：素材\项目8\沃柑2.jpg），适当调整大小和位置，使用"矩形选框工具"□沿参考线绘制需要的图像区域，如图8-19所示。

步骤 09 单击"图层"面板下方的"添加图层蒙版"按钮□，图像将只显示选区内的内容，如图8-20所示。

步骤 10 使用"横排文字工具"**T**在图像右侧绘制一个文本框，在其中输入图8-21所示的文字，设置字体为"方正黑体简体"，文字颜色为"#c83a2c"，然后适当调整文字大小、字距、行距等。

图 8-19

图 8-20

图 8-21

步骤 11 使用"横排文字工具"**T**在下方输入"品质优良 鲜美甜爽"文字，然后使用"矩形工具"□在下方绘制一个"690像素×300像素"的浅灰色矩形，并通过标尺创建与其上下对齐的水平参考线。

步骤 12 置入"沃柑3.jpg"素材（配套资源：素材\项目8\沃柑3.jpg），适当调整大小和位置，将其放置在矩形右侧。

步骤 13 新建位置为"375像素"的垂直参考线，然后使用"矩形选框工具"□沿参考线创建矩形选区，再为"沃柑3"图像创建图层蒙版，如图8-22所示。

步骤 14 使用"圆角矩形工具"□在左侧绘制一个圆角矩形，然后使用"横排文字工具"**T**在圆角矩形中输入图8-23所示的文字，适当调整文字大小、位置、颜色和行距等。

图 8-22

图 8-23

步骤 15 向下复制2次灰色矩形及其中的文字，使用相同的方法创建参考线。

步骤 16 置入"沃柑4.jpg""沃柑5.jpg"素材（配套资源：素材\项目8\沃柑4.jpg、沃柑5.jpg），适当调整大小和位置，再利用"矩形选框工具"□创建选区后创建图层蒙版。

步骤 17 修改对应的文字部分，最终效果如图8-24所示（配套资源：效果\项目8\沃柑详情页.psd）。

图 8-24

↘ 活动3　应用矢量蒙版

小艾在制作纸皮核桃详情页时，为了让图像以较为复杂的形状显示，准备通过路径制作矢量蒙版，具体操作如下。

微课

应用矢量蒙版

步骤 **01** 新建大小为"750像素×1960像素"，分辨率为"72像素/英寸"，名称为"纸皮核桃详情页"的文件，将"背景"图层填充为"#bc5228"颜色。

步骤 **02** 新建位置为"30像素""720像素"的垂直参考线和位置为"550像素"的水平参考线。

步骤 **03** 置入"纸皮核桃1.jpg"素材（配套资源：素材\项目8\纸皮核桃1.jpg），适当调整大小，使其与画布边缘对齐，然后使用"钢笔工具" ✍ 沿着核桃的边缘绘制封闭路径，如图8-25所示。

步骤 **04** 为了便于后续对抠取效果进行调整，选择【图层】/【矢量蒙版】/【当前路径】命令，该图层右侧将显示矢量蒙版，如图8-26所示，此时画面中将以封闭路径的区域显示图层内容，如图8-27所示。

图 8-25　　　　　　图 8-26　　　　　　图 8-27

121

步骤 **05** 选择"横排文字工具" **T**，设置字体为"方正黑体简体"，文字颜色为"黑色"，输入图8-28所示的文字，适当调整文字大小和行距。

步骤 **06** 新建位置为"860像素"的水平参考线，使用"矩形工具" □在下方绘制一个白色矩形，置入"纸皮核桃5.jpg"素材（配套资源：素材\项目8\纸皮核桃5.jpg），适当调整大小并将其放置在右侧。

步骤 **07** 结合"圆角矩形工具" □和"多边形工具" ⬡在图像上方绘制图8-29所示的路径，绘制完成后合并路径组件，并将其保存在"路径1"路径图层中。

步骤 **08** 选择"纸皮核桃5"图层后，选择【图层】/【矢量蒙版】/【当前路径】命令，效果如图8-30所示。

图 8-28

图 8-29

图 8-30

步骤 **09** 为"纸皮核桃5"图层添加"投影"和"描边"图层样式，设置参数如图8-31所示。

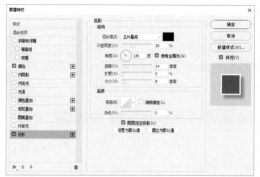
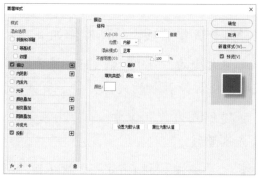

图 8-31

步骤 **10** 使用"直排文字工具" ⮑T在左侧输入图8-32所示的文字，适当调整文字的大小、颜色和字距等。

步骤 **11** 向下拖曳并复制白色矩形，置入"纸皮核桃6.jpg"素材（配套资源：素材\项目8\纸皮核桃6.jpg），适当调整大小并将其置于左侧。

图 8-32

步骤 **12** 在"路径"面板中选择"路径1"路径图层，使用"路径选择工具" ▶移动路径到"纸皮核桃6"图像上方，然后按【Ctrl+T】组合键进入自由变换状态，单击鼠标右键，在弹出的快捷菜单中选择"水平翻转"命令，按【Enter】键完成变换，如图8-33所示，再为"纸皮核桃6"图层应用矢量蒙版。

步骤 **13** 将鼠标指针移至"纸皮核桃5"图层右侧的 fx 图标上，按住【Alt】键的同时，按住鼠标左键不放并将其拖曳至"纸皮核桃6"图层上，以复制图层样式，然后再复制对应的文字图层并修改文字内容，效果如图8-34所示。

步骤 ⑭ 置入"纸皮核桃7.jpg"素材（配套资源：素材\项目8\纸皮核桃7.jpg），为其应用相同形状的矢量蒙版，然后复制图层样式，再复制对应的文字图层并修改文字内容，效果如图8-35所示。

图 8-33 　　　　　　　　　图 8-34 　　　　　　　　　图 8-35

步骤 ⑮ 置入"纸皮核桃2.jpg"素材（配套资源：素材\项目8\纸皮核桃2.jpg），适当调整大小。

步骤 ⑯ 选择"自定形状工具" ⚙，在工具属性栏中选择"路径"工具模式，然后打开"形状"下拉列表，单击 ⚙ 按钮，在弹出的下拉列表中选择"形状"选项，然后在更新后的"形状"下拉列表中选择"方块形卡"形状，如图8-36所示。

步骤 ⑰ 在"纸皮核桃2"图像中绘制图8-37所示的路径，并在"路径"面板中将其保存在"路径2"路径图层中。

步骤 ⑱ 选择"纸皮核桃2"图层后，选择【图层】/【矢量蒙版】/【当前路径】命令，效果如图8-38所示。

步骤 ⑲ 使用"圆角矩形工具" ▢ 在图像下方绘制一个白色矩形，然后使用"横排文字工具" T 在白色矩形中输入"雪水浇灌"文字，适当调整文字大小，使其与图像居中对齐，效果如图8-39所示。

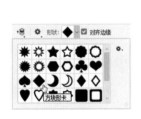   

图 8-36 　　　　　　图 8-37 　　　　　　图 8-38 　　　　　　图 8-39

步骤 ⑳ 置入"纸皮核桃3.jpg"素材（配套资源：素材\项目8\纸皮核桃3.jpg），适当调整大小，将其移至"纸皮核桃2"图像右侧。

步骤 ㉑ 在"路径"面板中选择"路径2"路径图层，然后使用"路径选择工具" ▸ 将该路径移至"纸皮核桃3"图像上方，适当调整显示区域，如图8-40所示，然后为"纸皮核桃3"图层添加矢量蒙版，效果如图8-41所示。

步骤 ㉒ 使用相同的方法置入"纸皮核桃4.jpg"素材（配套资源：素材\项目8\纸皮核桃4.jpg），为其添加相同形状的矢量蒙版。

步骤 ㉓ 复制并移动圆角矩形及其中的文字，然后再修改相应文字，最终效果如图8-42所示（配套资源：效果\项目8\纸皮核桃详情页.psd）。

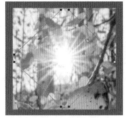

图 8-40　　　　　　　图 8-41　　　　　　　图 8-42

任务 2　应用通道

任务描述

小艾在整理护肤品详情页的素材时，发现通过选区或者钢笔工具组抠取的水花效果都不太理想。老李告诉她，可以应用通道抠取这种半透明的图像，因为应用通道能够创建含有不透明度的选区。

知识窗

在应用通道之前，需要了解通道的相关概念，以便更好地进行操作。

1. "通道"面板

"通道"面板通常与"图层"和"路径"面板位于同一个面板组中。选择【窗口】/【通道】命令，可打开图 8-43 所示的"通道"面板。

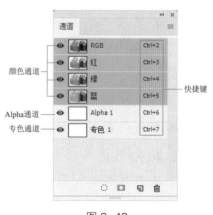

图 8-43

● "将通道作为选区载入"按钮：单击该按钮可以将当前通道中的图像内容转换为选区，其中白色区域为全部选取的部分，灰色区域为半透明选取的部分。

● "将选区存储为通道"按钮：单击该按钮可以自动创建一个Alpha通道，并将图像中的选区存储在其中。

● "创建新通道"按钮：单击该按钮可以创建一个新

的Alpha通道。若要创建专色通道，可按住【Ctrl】键的同时单击该按钮，在打开的"新建专色通道"对话框中设置相关参数后单击 确定 按钮。

● "删除当前通道"按钮🗑：单击该按钮可以删除当前选择的通道。

2. 通道的类型

在 Photoshop 中，通道分为颜色通道、Alpha 通道和专色通道 3 种。不同类型的通道，其作用和特征都有所不同。

● 颜色通道：颜色通道用于记录图像内容和颜色信息。不同颜色模式的图像对应的颜色通道也不同，图8-44所示为RGB图像的颜色通道，图8-45所示为CMYK图像的颜通道。

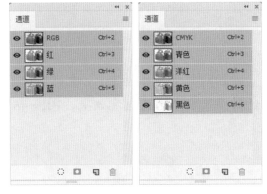

图 8-44   图 8-45

● Alpha通道：Alpha通道是计算机图形学中的术语，指的是特别的通道。Alpha通道多与选区相关，用户可通过Alpha通道保存选区，也可将选区存储为灰度图像，便于通过画笔、滤镜等修改选区；还可以从Alpha通道中载入选区。默认情况下，新创建的通道名称为Alpha X（X为按创建顺序依次排列的数字）通道。

● 专色通道：专色是为印刷出特殊效果而预先混合的油墨，替代或补充除了C、M、Y、K以外的油墨，如明亮的橙色、绿色、荧光色及金属色等油墨颜色。专色通道就是用于存储印刷时使用专色的通道。如果要印刷带有专色的图像，就需要在图像中创建一个存储这种颜色的专色通道。一般情况下，专色通道以专色的颜色命名。

任务实施

↘ 活动1 复制并调整通道

小艾开始制作护肤品详情页，准备先利用通道抠取搜集到的水花素材，具体操作如下。

微课

复制并调整通道

步骤 **01** 新建大小为"750像素×2530像素"，分辨率为"72像素/英寸"，名称为"护肤品详情页"的文件。将"背景"图层填充为"#d2effa"颜色，然后新建位置为"990像素"的水平参考线。

步骤 **02** 新建图层，使用"矩形选框工具"▣在上方绘制一个高990像素的矩形选区，然后使用"渐变工具"▤绘制"白色～#68caf1"的径向渐变矩形，如图8-46所示。

步骤 **03** 置入"装饰背景.jpg""水珠.png"素材（配套资源：素材\项目8\装饰背景.jpg、水珠.png），分别调整大小和位置。设置"装饰背景"图层混合模式为"柔光"，不透明度为"80%"；设置"水珠"图层不透明度为"80%"。

步骤 04 分别为"装饰背景""水珠"图层添加图层蒙版，使用黑色的"画笔工具" ✐在下方涂抹，使边界过渡得更自然，如图8-47所示。

图8-46　　　　　　　　图8-47

步骤 05 打开"水花.jpg"素材（配套资源：素材\项目8\水花.jpg），打开"通道"面板，分别单击单个通道查看效果，图8-48所示分别为红、绿、蓝通道的效果。

图8-48

步骤 06 选择对比较明显的红通道，将其拖曳至下方的"创建新通道"按钮 ◻ 上进行复制，然后按【Ctrl+L】组合键打开"色阶"对话框，适当调整参数，增强黑白对比度，如图8-49所示，单击 确定 按钮，效果如图8-50所示。

步骤 07 在"通道"面板中按住【Ctrl】键的同时，单击复制图层的缩览图以创建选区，然后单击RGB通道显示原图像。

步骤 08 在"图层"面板中反选选区，再复制内容到新图层中，然后将抠取的水花拖曳至"护肤品详情页"文件中，效果如图8-51所示。

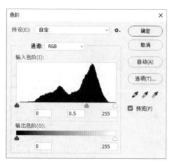

图8-49　　　　　　　　图8-50　　　　　　　　图8-51

步骤 09 置入"护肤品.png"素材（配套资源：素材\项目8\护肤品.png），适当调整大小，将其置于水花上方。

步骤 10 使用"横排文字工具" **T** 在护肤品上方输入图8-52所示的文字，分别设置字体为"方正兰亭刊宋_GBK""方正黑体简体"，字体颜色为"黑色"，适当调整文字大小并使其居中对齐，再为标题文字添加"描边"图层样式。

步骤 11 置入"水纹.png"素材（配套资源：素材\项目8\水纹.png），适当调整大小，将其置于水花下方，然后为"水花"图层添加图层蒙版，使用黑色的"画笔工具" ✏ 进行涂抹，使效果更加逼真，如图8-53所示。

步骤 12 水纹的色彩效果较为不搭，因此需要进行调整。通过"图层"面板下方的"创建新的填充或调整图层"按钮 ◉，分别添加"色相/饱和度""色彩平衡"调整图层，设置参数如图8-54所示。

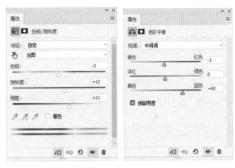

图 8-52   图 8-53   图 8-54

步骤 13 为了使调整图层只对"水纹"图层起作用，将调整图层置于"水纹"图层上方后再创建"水纹"图层的剪贴蒙版，如图8-55所示。

步骤 14 新建位置为"1330像素"的水平参考线，选择"圆角矩形工具" ▢，设置填充颜色为"白色"，描边为"4像素，#41aad4"，在下方绘制550像素×330像素的圆角矩形，使其居中显示。

步骤 15 使用"横排文字工具" T 在圆角矩形中输入图8-56所示的文字，设置字体为"方正黑体简体"，适当调整文字大小、行距等，并使文字与圆角矩形居中对齐。

图 8-55

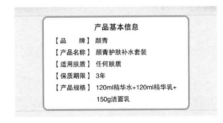

图 8-56

↘ 活动2 　粘贴通道到图层中

小艾发现护肤品模特的肤色与护肤品详情页整体风格不协调，需要进行优化处理，老李告诉她可以通过通道美白人物的皮肤，具体操作如下。

步骤 01 打开"人物.jpg"素材（配套资源：素材\项目8\人物.jpg），如图8-57所示。

步骤 02 打开"通道"面板，分别单击单个通道查看效果，图8-58所示分别为红、绿、蓝通道的效果。

微课

粘贴通道到图层中

图 8-57　　　　　　　　　　　图 8-58

步骤 03 因为需要对皮肤进行美白，所以此时选择肤色占比较多的红通道，按【Ctrl+A】组合键全选，然后按【Ctrl+C】组合键复制，再单击RGB通道显示原图像。

步骤 04 切换到"图层"面板，新建图层，按【Ctrl+V】组合键粘贴，然后设置该图层的混合模式为"柔光"，不透明度为"80%"，效果如图8-59所示。

步骤 05 此时人物中其他部分的色彩也被影响了，因此可使用图层蒙版进行调整。为"图层 1"图层添加图层蒙版，然后使用黑色的"画笔工具"✐在眼睛、嘴唇上涂抹，如图8-60所示。

步骤 06 选择两个图层，然后按【Ctrl+E】组合键合并图层，再使用"快速选择工具"◿将人物抠取出来，然后按【Ctrl+J】组合键复制内容到新图层中。

步骤 07 回到"护肤品详情页"文件，新建位置为"1820像素"的水平参考线，再将抠取的人物拖曳至该文件中，适当调整大小，将其与水平参考线对齐并居中显示，如图8-61所示。

图 8-59　　　　　　　　　　图 8-60　　　　　　　　　　图 8-61

步骤 08 置入"气泡.png"素材（配套资源：素材\项目8\气泡.png），适当调整大小，然后将其复制3次，分别放置在人物的周围。

步骤 09 使用"横排文字工具"**T**在4个气泡中输入图8-62所示的文字，设置字体为"方正黑体简体"，字体颜色为"#1a7496"，适当调整文字大小、字距和行距等。

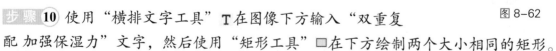

图 8-62

步骤 10 使用"横排文字工具"**T**在图像下方输入"双重复配 加强保湿力"文字，然后使用"矩形工具"▢在下方绘制两个大小相同的矩形。

步骤 11 置入"成分1.jpg"和"成分2.jpg"素材（配套资源：素材\项目8\成分1.jpg、成分2.jpg），分别置于两个矩形上方，然后创建剪贴蒙版，效果如图8-63所示。

步骤 12 使用"横排文字工具"**T**分别在两个矩形中输入成分相关的文字，最终效果如图8-64所示（配套资源：效果\项目8\护肤品详情页.psd）。

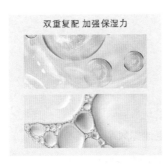

图 8-63　　　　　　图 8-64

同步实训

↘ 实训1　制作风扇详情页

实训要求

　　某生活用品店需要为一款可充电的迷你风扇制作详情页，要求写明具体的产品参数，还需要展示商品细节及商品的其他样式，以便于消费者挑选商品，参考效果如图8-65所示。

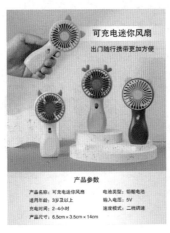

图 8-65

实训提示

步骤 **01** 新建大小为"750像素×2340像素"，分辨率为"72像素/英寸"，名称为"风扇详情页"的文件，将"背景"图层填充为"#ecd9a6"颜色。

步骤 **02** 置入"风扇1.jpg"素材（配套资源：素材\项目8\风扇1.jpg），适当调整大小和位置，然后使用"矩形工具"▭在右上角绘制一个白色矩形。

步骤 **03** 为白色矩形添加图层蒙版，使用"渐变工具"▭在图层蒙版上应用"黑色～白色～黑色"的渐变效果，如图8-66所示。

步骤 **04** 使用"横排文字工具"T输入图8-67所示的文字，适当调整文字大小。

步骤 **05** 复制白色矩形，将其拖曳至图像下方，然后将其适当拉宽拉长。

步骤 **06** 使用"横排文字工具"T输入图8-68所示的文字，适当调整文字大小、字距等，并使其居中显示。

图 8-66

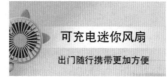
图 8-67

图 8-68

步骤 **07** 继续在下方输入"细节展示"文字，适当调整文字大小。

步骤 **08** 新建位置分别为"30像素""720像素"的垂直参考线，使用"圆角矩形工具"▭在下方绘制3个大小相同的圆角矩形，并为其添加白色描边效果，然后将3个圆角矩形对齐参考线并均匀分布，如图8-69所示。

步骤 **09** 置入"风扇2.jpg""风扇3.jpg""风扇4.jpg"素材（配套资源：素材\项目8\风扇2.jpg、风扇3.jpg、风扇4.jpg），适当调整大小，分别放置在圆角矩形上方。

步骤 **10** 在"图层"面板中调整图层顺序，然后分别将风扇图像所在图层创建为剪贴蒙版。

步骤 **11** 使用"横排文字工具"T分别在图像下方输入对应的文字，效果如图8-70所示。

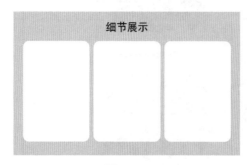
图 8-69

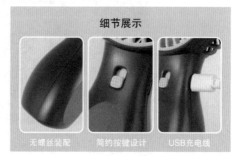
图 8-70

步骤 **12** 复制"细节展示"文字图层并将其拖曳至下方，然后修改文字为"实物展示 多种样式随意选择"文字。

图 8-71

步骤 **13** 使用"圆角矩形工具" ▢ 在下方绘制4个大小相同的圆角矩形，并为其添加白色描边效果，然后适当调整4个圆角矩形的位置。

步骤 **14** 置入"风扇5.jpg""风扇6.jpg""风扇7.jpg""风扇8.jpg"素材（配套资源：素材\项目8\风扇5.jpg、风扇6.jpg、风扇7.jpg、风扇8.jpg），适当调整大小，分别放置在圆角矩形上方。

步骤 **15** 在"图层"面板中调整图层顺序，然后分别将风扇图像所在图层创建为剪贴蒙版，完成制作，效果如图8-71所示（配套资源：效果\项目8\风扇详情页.psd）。最后将各个板块对应的图层创建为图层组。

↘ 实训2 制作红枣详情页

实训要求

　　某电商商家准备将家乡特产和田大枣上架到电商平台中，需要为其制作详情页，要求写明产地、保质期、储存条件等信息，并展现和田大枣的卖点及不同的吃法，参考效果如图 8-72 所示。

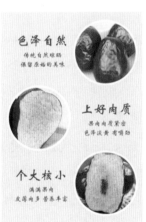

图 8-72

实训提示

步骤 **01** 新建大小为"750像素×3000像素"，分辨率为"72像素/英寸"，名称为"红枣详情页"的文件，将"背景"图层填充为"#fcf0e0"颜色。

步骤 **02** 置入"红枣1.jpg"素材（配套资源：素材\项目8\红枣1.jpg），适当调整大小和位置，然后使用"钢笔工具" ✐ 沿着红枣形状绘制路径，并将其保存为"路径1"路径图层，再为图层添加矢量蒙版，前后对比效果如图8-73所示。

步骤 **03** 使用"横排文字工具" **T** 在图像上方输入图8-74所示的文字，适当调整文字字体、大小、位置和行距等。

图 8-73   图 8-74

步骤 04 新建位置分别为"30像素""720像素"的垂直参考线，使用"椭圆工具" ◯ 绘制一个正圆，为其添加白色描边，并使该正圆与右侧参考线对齐。

步骤 05 置入"红枣2.jpg"素材（配套资源：素材\项目8\红枣2.jpg），适当调整大小，将其置于正圆上方，然后将其创建为剪贴蒙版。

步骤 06 使用"横排文字工具" **T** 在正圆左侧输入图8-75所示的文字，适当调整文字位置和行距等。

图 8-75

步骤 07 将正圆及文字图层分别复制两次，然后适当调整位置并修改文字内容，使正圆与参考线对齐。

步骤 08 置入"红枣3.jpg""红枣4.jpg"素材（配套资源：素材\项目8\红枣3.jpg、红枣4.jpg），适当调整大小和位置，然后在"图层"面板中调整图层顺序，使图像显示在正圆中，并删除多余的"红枣1"图层，效果如图8-76所示。

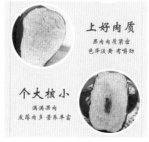

步骤 09 使用"横排文字工具" **T** 输入"解锁更多花样吃法"文字，然后使用"圆角矩形工具" ▢ 在下方绘制一个与参考线对齐的圆角矩形。

图 8-76

步骤 10 置入"红枣5.jpg"素材（配套资源：素材\项目8\红枣5.jpg），适当调整大小，将其置于圆角矩形上方，再将其创建为剪贴蒙版。

步骤 11 为"红枣5"图层添加图层蒙版，然后使用黑色的"画笔工具" ✎ 在右侧进行涂抹，涂抹时可适当降低画笔的不透明度和流量，如图8-77所示。

步骤 12 为圆角矩形添加"投影"图层样式，增加立体感。使用"横排文字工具" **T** 在右侧输入图8-78所示的文字，适当调整文字大小和行距等，并使用"椭圆工具" ◯ 为"食"绘制一个正圆框。

图 8-77   图 8-78

步骤 13 复制两次与"食"相对应的图层并向下拖曳。置入"红枣6.jpg""红枣7.jpg"素材（配套资源：素材\项目8\红枣6.jpg、红枣7.jpg），将相应的复制图层进行替换，然后调整图层蒙版的区域及相关文字，最终效果如图8-79所示（配套资源：效果\项目8\红枣详情页.psd）。最后将各个板块对应的图层创建为图层组。

图 8-79

↘ 实训3 制作婚纱Banner

实训要求

　　明意婚纱店的唯心系列婚纱即将上线，为了增强宣传力度，告知消费者上新时间及促销活动，需要制作 Banner 投放到电商平台网店首页中，要求色调清新、画面简洁，Banner 尺寸为 1280 像素 ×720 像素，参考效果如图 8-80 所示。

图 8-80

实训提示

步骤01 打开"婚纱.jpg"素材（配套资源：素材\项目8\婚纱.jpg），先使用"快速选择工具" 将人物抠取出来，复制到新图层中并重命名为"人物"，然后将"背景"图层填充为红色，便于后续观察半透明婚纱的抠取效果。

步骤02 打开"通道"面板，选择与半透明婚纱对比较明显的绿通道，载入选区，然后单击RGB通道显示原图像。

步骤03 切换到"图层"面板，选择"人物"图层，按【Ctrl+J】组合键复制选区内容到新图层中并重命名为"婚纱"，此时抠取的图像将带有不透明像素。

步骤04 将"婚纱"图层拖曳至"人物"图层下方，然后为两个图层创建图层蒙版。

步骤05 先选择"人物"图层的图层蒙版，使用"画笔工具" 在半透明区域进行涂抹，使其隐藏显示。再选择"婚纱"图层的图层蒙版，调低画笔的不透明度和流量后，在边缘区域进行涂抹，使其更加自然。

步骤06 此时婚纱部分还有些偏蓝调，因此将"婚纱"图层的混合模式设置为"滤色"，抠取前后对比效果如图8-81所示。

图 8-81

133

步骤 07 新建大小为"1280像素×720像素"，分辨率为"72像素/英寸"，名称为"婚纱Banner"的文件，将"背景"图层填充为"#f9d0d4"颜色。

步骤 08 使用"矩形选框工具"□在下方绘制一个矩形选区并填充颜色，再使用"矩形工具"□在上方绘制多个长条矩形，并使它们均匀分布，效果如图8-82所示。

步骤 09 将抠取的"人物""婚纱"图层拖曳至"婚纱Banner"文件中，适当调整大小和位置。再置入"气球.png"素材（配套资源：素材\项目8\气球.png），适当调整大小和位置。

步骤 10 使用"矩形工具"□绘制一个白色矩形框，并为其添加图层蒙版，涂抹掉与人物和气球重叠的部分，效果如图8-83所示。

步骤 11 使用"横排文字工具"T在左侧输入图8-84所示的文字，适当调整文字字体、大小、字距。

图 8-82 　　　　　　　　图 8-83 　　　　　　　　图 8-84

步骤 12 使用"多边形工具"◎在画面中绘制带有平滑拐角的五角星作为装饰，完成制作（配套资源：效果\项目8\婚纱Banner.psd）。

项目小结

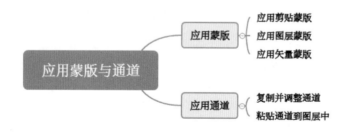

项目 9
应用滤镜

　　临近夏日促销季，老李交给小艾两个设计任务，分别是夏日旅游季海报和彩妆 Banner，要求小艾应用滤镜模拟油画、水彩等艺术性很强的绘画效果，以提升海报和 Banner 的画面艺术感。

➡ 知识目标

- 掌握独立滤镜的应用方法。
- 掌握滤镜组的应用方法。

➡ 技能目标

- 能应用独立滤镜制作夏日旅游季海报。
- 能应用滤镜组制作彩妆 Banner。

➡ 素养目标

- 提高对制作特殊图像效果的分析能力。
- 探索不同滤镜产生的图像效果。

任务 1 了解常用独立滤镜

任务描述

　　小艾准备制作夏日旅游季的宣传海报，在搜集了用作背景的人物风景图像后，她准备应用多种独立滤镜调整图像效果，制作出具有艺术效果的海报。

知识窗

Photoshop 提供了多种独立滤镜，便于用户直接应用。

1. 滤镜库

　　选择【滤镜】/【滤镜库】命令，将打开图 9-1 所示的"滤镜库"对话框，可在对话框中间选择相应的滤镜组中的滤镜效果；在右侧"参数设置"栏中设置相应参数；在"堆栈栏"栏中对滤镜进行隐藏、显示等操作；在左侧"预览框"中查看应用滤镜后的效果。

　　滤镜库中不同滤镜组下的滤镜效果都不同，主要有以下 6 个滤镜组。

　　（1）"风格化"滤镜组

　　应用"风格化"滤镜组可以对图像的像素进行位移、拼贴及反色等操作，该滤镜组中仅提供了"照亮边缘"滤镜，通过该滤镜可以照亮图像边缘轮廓。图 9-2 所示为应用"照亮边缘"滤镜的前后对比效果。

图 9-1

图 9-2

　　（2）"画笔描边"滤镜组

　　应用"画笔描边"滤镜组可以模拟不同的画笔或油墨笔刷来勾画图像，产生绘画效果，该滤镜组中共有 8 种滤镜。图 9-3 所示为应用"强化的边缘"滤镜后的效果。

　　（3）"扭曲"滤镜组

　　应用"扭曲"滤镜组可以对图像进行扭曲变形，该滤镜组中共有 3 种滤镜。

　　（4）"素描"滤镜组

　　应用"素描"滤镜组可使图像产生素描、速写及三维的艺术效果，该滤镜组中共有 14

种滤镜。图 9-4 所示为应用"水彩画纸"滤镜后的效果。

（5）"纹理"滤镜组

应用"纹理"滤镜组可以在图像中模拟出纹理效果，该滤镜组中共有 6 种滤镜。图 9-5 所示为应用"染色玻璃"滤镜后的效果。

（6）"艺术效果"滤镜组

应用"艺术效果"滤镜组可以通过模仿传统手绘图画的方式绘制出不同风格的图像，该滤镜组中共有 15 种滤镜。图 9-6 所示为应用"海报边缘"滤镜后的效果。

  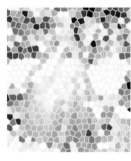 

图 9-3　　　　　图 9-4　　　　　图 9-5　　　　　图 9-6

2. "自适应广角"滤镜

使用"自适应广角"滤镜可以校正因使用广角镜头而产生镜头扭曲的图像。选择【滤镜】/【自适应广角】命令，打开图 9-7 所示的"自适应广角"对话框。

图 9-7

下面对其中的部分参数进行介绍。

● "约束工具"：在图像中单击或拖动绘制直线可设置线性约束，在对象上拖动直线可进行拉直。

● "多边形约束工具"：在图像中单击多次形成封闭图形后可设置多边形约束，沿着对象绘制以进行拉直。

● "校正"下拉列表：用于选择校正类型，包括鱼眼、透视、自动和完整球面4个选项。其中，"鱼眼"用于校正由鱼眼镜头所引起的极度弯度；"透视"用于校正由视角和相机倾斜所引起的会聚线；"自动"用于自动进行合适的校正；"完整球面"用于校正360度全景图，且全景图的长宽比必须为2∶1。

● 缩放：用于设置图像的缩放情况。

● 焦距：用于设置图像的焦距情况。

● 裁剪因子：用于设置需进行裁剪的像素。

● "原照设置"复选框：单击选中该复选框，可以使用照片原数据中的焦距和裁剪因子。

● 细节：该栏中将显示鼠标指针所在位置的细节。使用"约束工具"和"多边形约束工具"时，可在此观察图像以准确定位约束点。

3. "镜头校正"滤镜

使用"镜头校正"滤镜可以校正存在镜头失真、晕影、色差等问题的图像。选择【滤镜】/【镜头校正】命令，打开图9-8所示的"镜头校正"对话框，用户可在"自定"选项卡中设置参数以校正图像中相应的问题。

下面对其中的部分参数进行介绍。

- "几何扭曲"栏：用于校正镜头的失真。当其值为负值时，图像向中心扭曲，图9-9所示为前后对比效果；当其值为正值时，图像向外扭曲。

图 9-8

图 9-9

- "色差"栏：用于校正图像的色差，修复前景对象边缘的颜色。
- "晕影"栏：用于校正因镜头缺陷而造成的图像边缘较暗的现象。其中，"数量"选项用于设置沿图像边缘变亮或变暗的程度；"中点"选项用于设置受"数量"选项影响的区域宽度。
- "变换"栏：用于校正图像在水平或垂直方向上的偏移。其中，"垂直透视"用于校正图像在垂直方向上的透视；"水平透视"用于校正图像在水平方向上的透视；"角度"用于设置图像的旋转角度；"比例"用于控制镜头的校正比例，类似缩放效果。

4. "液化"滤镜

使用"液化"滤镜可以对图像的任意部分进行收缩、膨胀等变形操作。选择【滤镜】/【液化】命令，打开图9-10所示的"液化"对话框，然后使用左侧的工具结合右侧的属性对图像进行液化操作。

下面对对话框中左侧的部分工具进行介绍。

- "向前变形工具" ：使用该工具在图像上涂抹，可使涂抹区域产生向前位移的效果。
- "重建工具" ：使用该工具在液化变形后的图像上涂抹，可将涂抹区域中的变形效果还原

图 9-10

为原图像。

- "平滑工具" ⟋：使用该工具可将轻微扭曲的边缘抚平。
- "顺时针旋转扭曲工具" ⟳：使用该工具在图像中单击或拖动鼠标可以顺时针旋转图像。
- "褶皱工具" ⊞：使用该工具在图像上涂抹，可使涂抹区域产生向内压缩变形的效果。
- "膨胀工具" ⬦：使用该工具在图像上涂抹，可使涂抹区域产生向外膨胀的效果。
- "左推工具" ⠿：使用该工具在图像中向上拖曳鼠标，图像中的像素将向左移动；向下拖曳鼠标，图像中的像素将向右移动。
- "冻结蒙版工具" ✑：使用该工具涂抹不需要编辑的图像区域，被涂抹的图像将被冻结，不能被编辑。
- "解冻蒙版工具" ✐：使用该工具涂抹冻结区域，可解除冻结。
- "脸部工具" ⚇：单击该工具，Photoshop会自动识别图像中的人脸，包括眼睛、鼻子、嘴唇和其他面部特征，以便修饰和调整人脸，图9-11所示为调整人物脸部宽度的前后对比效果。

图 9-11

5. "消失点"滤镜

使用"消失点"滤镜可以在图像中创建一个平面，然后在该平面中进行绘画、仿制图像、粘贴图像等操作，并自动按照透视角度和比例进行调整。选择【滤镜】/【消失点】命令，打开图 9-12 所示的"消失点"对话框，然后通过使用左侧的相关工具在预览窗口中进行操作。

下面对该对话框中左侧的部分工具进行介绍，其中"图章工具" ⚏和"画笔工具" ✏与工具箱中的工具功能类似。

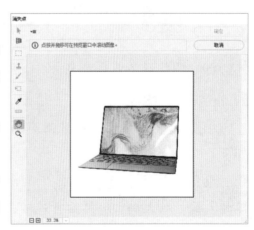

图 9-12

- "编辑平面工具" ▸：用于选择或编辑网格。
- "创建平面工具" ⊞：用于在画面中创建平面。
- "选框工具" ⊡：用于移动粘贴到画面中的图像。
- "变换工具" ⊞：用于变换网格区域的图像。
- "吸管工具" ⟋：用于设置绘图的颜色。
- "测量工具" ⊟：用于查看两点之间的距离。

任务实施

↘ 活动1 应用"镜头校正"滤镜

小艾准备先处理人物风景图像，她发现图像存在失真问题，因此准备应用"镜头校正"滤镜进行调整，具体操作如下。

步骤 01 打开"出游人物.jpg"素材（配套资源：素材\项目9\出游人物.jpg），如图9-13所示。

步骤 02 选择【滤镜】/【镜头校正】命令，打开"镜头校正"对话框，在右侧单击"自定"选项卡，然后在"几何扭曲"栏中向右拖曳"移去扭曲"滑块，以校正桶形失真，同时在左侧查看调整效果，如图9-14所示。

图 9-13

图 9-14

步骤 03 调整好参数后，单击右上角的 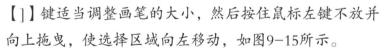 按钮即可返回图像编辑区。

↘ 活动2 应用"液化"滤镜

小艾调整好图像后，准备应用"液化"滤镜优化人物形象，具体操作如下。

步骤 01 选择【滤镜】/【液化】命令，打开"液化"对话框，选择"左推工具" ，放大画面，然后将鼠标指针移至人物腰部右侧，通过按【[】键和【]】键适当调整画笔的大小，然后按住鼠标左键不放并向上拖曳，使选择区域向左移动，如图9-15所示。

步骤 02 继续使用"左推工具" 进行微调，若是向左移动过多像素，可按住鼠标左键不放并向下拖曳，进行反向调整，调整后的效果如图9-16所示。

步骤 03 使用相同的方法调整人物的左侧腰部区域，最终效果如图9-17所示。

图 9-15

图 9-16　　　　　　　　　　图 9-17

↘ 活动3　应用滤镜库

小艾准备制作油画风格的海报，老李告诉她可以使用滤镜库中的"木刻""干画笔"等滤镜，于是小艾试着为滤镜设置不同的参数来制作油画风格，具体操作如下。

步骤01 新建大小为"1280像素×720像素"，分辨率为"72像素/英寸"，名称为"夏日旅游季海报"的文件。

步骤02 将调整好的人物图像添加到"夏日旅游季海报"文件中，将图层重命名为"人物"，适当调整大小，使人物位于画面的左侧。

步骤03 在"人物"图层上方单击鼠标右键，在弹出的快捷菜单中选择"转换为智能对象"命令，将该图层转换为智能对象图层。

✎ 经验之谈

若直接为普通图层应用滤镜，滤镜将修改图像的外观效果，同时会影响原始图像；若将普通图层转换为智能对象图层，应用的滤镜将自动变为智能滤镜，应用滤镜后仍可还原原本的图像效果，以及修改所应用滤镜的参数调整效果。

步骤04 选择【滤镜】/【滤镜库】命令，打开"滤镜库"对话框，展开右侧的"艺术效果"滤镜组，选择"木刻"滤镜，然后在右侧设置色阶数为"8"，边缘简化度为"0"，边缘逼真度为"2"，如图9-18所示。在对话框左侧可预览效果，如图9-19所示。

步骤05 在右下方的堆栈栏中单击"新建效果图层"按钮，将自动添加一个"木刻"滤镜，然后在"艺术效果"滤镜组中选择"绘画涂抹"滤镜，设置画笔大小为"9"，锐化程度为"7"，画笔类型为"宽模糊"，效果如图9-20所示。

图 9-18　　　　　　　　　　图 9-19　　　　　　　　　　图 9-20

步骤 06 再次单击"新建效果图层"按钮🔲，然后选择"干画笔"滤镜，设置参数如图9-21所示，在堆栈栏中将显示所应用的3个滤镜。

步骤 07 完成滤镜的应用后，单击 ⬭确定 按钮，返回图像编辑区查看效果，如图9-22所示。

图 9-21   图 9-22

步骤 08 在"人物"图层右侧将显示🔲图标，单击其右侧的▶按钮展开该图层，将显示智能滤镜，如图9-23所示。

步骤 09 双击滤镜库右侧的➡图标，打开"混合选项（滤镜库）"对话框，在"模式"下拉列表中选择"浅色"选项，如图9-24所示，然后单击⬭确定按钮，效果如图9-25所示。

 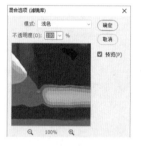 

图 9-23   图 9-24   图 9-25

✏ ## 经验之谈

在智能对象图层下方的智能滤镜右侧将出现一个图层蒙版，通过编辑图层蒙版，可以设置滤镜在图像中的影响范围，且会作用于该智能对象图层中的所有滤镜。

步骤 10 使用"矩形工具"▢绘制一个"白色，10像素"的矩形框，再在画面右侧绘制一个白色矩形，设置不透明度为"70%"，如图9-26所示。

步骤 11 使用"直排文字工具"IT在人物左侧输入"炎炎夏日 一起享受浪漫时光"文字，适当调整文字大小和字距等。

图 9-26

步骤 12 使用"横排文字工具"T在右上角输入图9-27所示的文字，分别调整文字的大小、颜色和字距等，并为"夏日旅游季"文字添加"投影"图层样式，设置参数如图9-28所示。

图 9-27

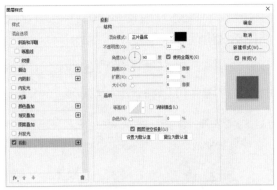

图 9-28

步骤 ⑬ 使用"矩形工具"□和"圆角矩形工具"□分别绘制矩形和多个圆角矩形作为文字背景，并为圆角矩形填充不同的颜色。

步骤 ⑭ 使用"横排文字工具"T分别在矩形和圆角矩形中输入图9-29所示的文字，适当调整文字的大小、颜色和字距等。最后按【Ctrl+S】组合键保存文件（配套资源：效果\项目9\夏日旅游季海报.psd）。

图 9-29

任务 2 了解常用滤镜组

任务描述

小艾在分析彩妆类的 Banner 时，发现大多数色调较为鲜艳，因此她准备结合滤镜组中的多种滤镜制作色彩明亮的背景和颜色丰富的标题文字，再适当加深素材图像的纹理。

知识窗

在 Photoshop 的"滤镜"菜单项中，按照滤镜效果的不同将多个滤镜分为"风格化""模糊""扭曲""锐化""像素化""渲染""其他"等多个滤镜组。

1. "风格化"滤镜组

"风格化"滤镜组中的滤镜可以移动和置换图像像素并增加图像像素的对比度，生成特殊的图像效果。选择【滤镜】/【风格化】命令，可在弹出的子菜单中选择相应命令，其中常用的滤镜有以下 5 种。

● "查找边缘"滤镜：可以查找图像中主色块颜色变化的区域，并为查找到的边缘轮廓描边，使图像产生像用笔刷勾勒的轮廓一样的效果，应用该滤镜的前后对比效果如图9-30所示。该滤镜无参数对话框。

- "风"滤镜：可以将图像的边缘朝一个方向向外移动不同的距离，实现类似风吹的效果，如图9-31所示。
- "扩散"滤镜：可以使图像产生像透过磨砂玻璃一样的模糊效果。
- "拼贴"滤镜：可以将图像分成多个小块，形成拼贴画的效果，如图9-32所示。

图9-30   图9-31   图9-32

- "凸出"滤镜：可以将图像分成数量不等，但大小相同且有序叠放的立体方块。

2. "模糊"滤镜组

"模糊"滤镜组中的滤镜可以通过削弱图像中相邻像素的对比度，使图像产生模糊效果。选择【滤镜】/【模糊】命令，可在弹出的子菜单中选择相应命令，其中常用的滤镜有以下7种。

- "表面模糊"滤镜：可以在模糊图像时保留图像边缘。
- "动感模糊"滤镜：可以对图像中某一方向上的像素进行线性位移，产生具有运动感的模糊效果，如图9-33所示。
- "高斯模糊"滤镜：可以根据高斯曲线对图像进行选择性模糊，产生强烈的模糊效果。
- "径向模糊"滤镜：可以使图像产生旋转或放射状模糊效果，如图9-34所示。
- "镜头模糊"滤镜：可以为图像模拟摄像时镜头抖动产生的模糊效果。

图9-33   图9-34

- "特殊模糊"滤镜：可以找出图像的边缘并模糊边缘以内的区域，从而产生一种边界清晰、中心模糊的效果。
- "形状模糊"滤镜：可以使图像按照指定的形状作为模糊中心进行模糊。

3. "扭曲"滤镜组

"扭曲"滤镜组中的滤镜可以对图像进行各种扭曲变形处理。选择【滤镜】/【扭曲】命令，可在弹出的子菜单中选择相应命令，其中常用的滤镜有以下5种。

- "波浪"滤镜：可以通过设置波长使图像产生波浪涌动的效果，如图9-35所示。
- "极坐标"滤镜：可以通过改变图像的坐标方式，使图像产生极端的变形，如图9-36所示。

- "球面化"滤镜：可以模拟将图像包在球上并伸展以适合球面，从而产生球面化效果。
- "旋转扭曲"滤镜：可以使图像产生旋转扭曲效果，且旋转中心为图像中心。
- "置换"滤镜：可以使图像产生位移效果，位移的方向不仅跟参数设置有关，还跟位移图像文件有密切关系。使用该滤镜需要两个文件才能完成，一个是要编辑的图像文件，另一个是位移图像文件，位移图像文件充当位移模板，用于控制位移的方向。图9-37所示为为文字应用"置换"滤镜的前后对比效果。

图 9-35　　　　　　　图 9-36　　　　　　　　　图 9-37

4. "锐化"滤镜组

"锐化"滤镜组中的滤镜可以使模糊的图像变得更加清晰，但锐化过度则会导致图像失真。选择【滤镜】/【锐化】命令，可在弹出的子菜单中选择相应命令，其中常用的滤镜有以下4种。

- "USM锐化"滤镜：可以在图像边缘的两侧分别制作一条明线或暗线来调整边缘细节的对比度，将图像边缘轮廓锐化。
- "锐化"滤镜：可以通过增强像素之间的对比度增强图像的清晰度。
- "锐化边缘"滤镜：可以锐化图像的边缘，并保留图像整体的平滑度。该滤镜无参数对话框。
- "智能锐化"滤镜：可以在图9-38所示的对话框中设置相关参数，以实现更加精细的锐化。

图 9-38

5. "像素化"滤镜组

"像素化"滤镜组中的滤镜可以将图像中颜色值相似的像素转化为单元格，使图像分块或平面化，增强图像的纹理，制作一些需要强化图像边缘或者纹理的特效。选择【滤镜】/【像素化】命令，可在弹出的子菜单中选择相应命令，其中常用的滤镜有以下2种。

- "彩块化"滤镜：可以使图像中纯色或相似颜色凝结为彩色块，从而产生类似宝石刻画般的效果，如图9-39所示。
- "晶格化"滤镜：可以集中图像中相近的像素到一个像素的多角形网格中，从而产生晶格化效果，如图9-40所示。

图 9-39　　　　　　　图 9-40

6. "渲染"滤镜组

"渲染"滤镜组中的滤镜可以在图像中生成火焰、云彩、光照等特殊效果，选择【滤镜】/【渲染】命令，可在弹出的子菜单中选择相应命令，其中常用的滤镜有以下 6 种。

- "火焰"滤镜：可以在图像中基于路径产生火焰效果，如图9-41所示。
- "图片框"滤镜：可以在图9-42所示的"图案"对话框中设置图片框的具体样式，然后添加到图像中。既可以使用Photoshop自带的样式，也可载入外部样式进行应用。

图 9-41

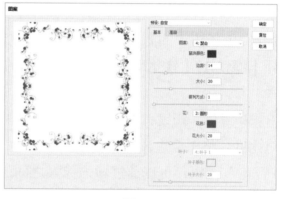

图 9-42

- "分层云彩"滤镜：可以使用随机生成的介于前景色与背景色之间的值，生成云彩图案效果。
- "光照效果"滤镜：可以通过改变17种光照样式和3种光源在 RGB 模式图像上产生多种光照效果。
- "镜头光晕"滤镜：可以模拟亮光照射到相机镜头所产生的折射效果。
- "纤维"滤镜：可以将前景色和背景色混合，生成一种纤维效果。

7. "其他"滤镜组

"其他"滤镜组中的滤镜可以修饰图像的细节部分。选择【滤镜】/【其他】命令，可在弹出的子菜单中选择相应命令，其中常用的滤镜有以下 5 种。

- "高反差保留"滤镜：可以删除图像中色调变化平缓的部分，保留色彩变化较大的部分，使图像的阴影消失而亮点突出，如图9-43所示；将其以"柔光"混合模式与源图像进行混合，可增强部分纹理的显示效果，如图9-44所示。

- "位移"滤镜：可以水平或垂直偏移图像，对于由偏移生成的空缺区域，还可以用不同的方式进行填充。
- "自定"滤镜：可以自定义滤镜效果，根据预定的数学运算更改图像中每个像素的亮度值。
- "最大值"滤镜：可以强化图像中的亮部色调，消减暗部色调，如图9-45所示。
- "最小值"滤镜：可以减弱图像中的亮部色调，增强暗部色调，如图9-46所示。

图 9-43　　　　　图 9-44　　　　　图 9-45　　　　　图 9-46

任务实施

↘ 活动1　使用"像素化"滤镜组

小艾准备先使用"像素化"滤镜组中的"晶格化""点状化"滤镜制作彩妆 Banner 的背景和文字样式，具体操作如下。

微课

使用"像素化"
滤镜组

步骤 01 新建大小为"750像素×390像素"，分辨率为"72像素/英寸"，名称为"彩妆Banner"的文件。

步骤 02 选择"渐变工具" ，设置渐变颜色为"#bda2e0～#e8adcc"，渐变类型为"线性渐变"，然后为"背景"图层创建渐变效果。

步骤 03 在"背景"图层上单击鼠标右键，在弹出的快捷菜单中选择"转换为智能对象"命令，将其转换为智能对象图层。

步骤 04 选择【滤镜】/【像素化】/【晶格化】命令，打开"晶格化"对话框，在预览图中可查看效果，如图9-47所示，然后设置单元格大小为"80"，单击 确定 按钮，效果如图9-48所示。

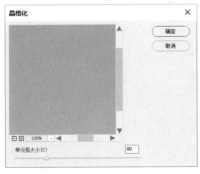 

图 9-47　　　　　　　　　　　　　图 9-48

步骤 05 使用"矩形工具" 绘制一个"白色，6像素"的矩形框，再在矩形框中间绘制一个白色矩形并设置不透明度为"40%"，如图9-49所示。

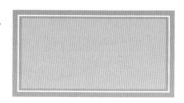

图 9-49

步骤 06 使用"横排文字工具"T在左上方输入"夏日彩妆季"文字，设置字体为"方正北魏楷书简体"，适当调整文字大小，并为其应用"仿粗体"样式。

步骤 07 将文字图层转换为智能对象图层，并将其重命名为"文字"。选择【滤镜】/【像素化】/【点状化】命令，打开"点状化"对话框，设置单元格大小为"16"，如图9-50所示。单击 确定 按钮，为文字应用"点状化"滤镜的前后对比效果如图9-51所示。

图 9-50

步骤 08 双击"文字"图层右侧的空白处，打开"图层样式"对话框，为其添加"2像素，外部，白色"的"描边"图层样式，效果如图9-52所示。

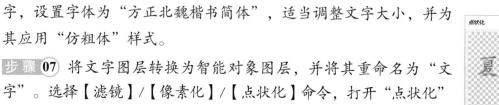

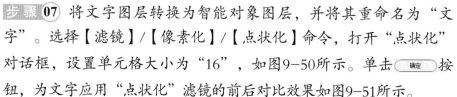

图 9-51

图 9-52

活动2 使用"风格化"滤镜组

彩妆 Banner 背景的样式有些单调，小艾打算利用"风格化"滤镜组中的"油画"滤镜来增强背景的艺术感，具体操作如下。

微课

使用"风格化"滤镜组

步骤 01 选择"背景"图层，选择【滤镜】/【风格化】/【油画】命令，打开"油画"对话框，单击选中"预览"复选框预览效果，然后设置图9-53所示的参数，再单击 确定 按钮。

步骤 02 此时在"图层"面板中的"背景"图层下方将显示两个智能滤镜，如图9-54所示。

步骤 03 单击"油画"滤镜右侧的 图标，打开"混合选项（油画）"对话框，设置不透明度为"40%"，如图9-55所示，然后单击 确定 按钮，效果如图9-56所示。

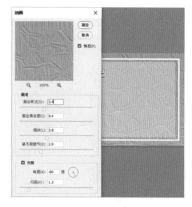

图 9-53

图 9-54

图 9-55

图 9-56

↘ 活动3 使用"锐化"滤镜组

为了加强素材图像的纹理，小艾准备利用"锐化"滤镜组中的"锐化""锐化边缘"滤镜进行处理，具体操作如下。

步骤01 置入"彩妆.png""彩妆人物.png"素材（配套资源：素材\项目9\彩妆.png、彩妆人物.png），适当调整大小，并分别置于Banner的左下角和右侧，如图9-57所示。

步骤02 选择"彩妆"图层，为其添加"投影"图层样式，设置参数如图9-58所示，为其增加立体感。

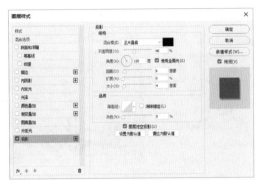

图9-57　　　　　　　　　　　图9-58

步骤03 继续选择"彩妆"图层，选择【滤镜】/【锐化】/【锐化】命令，图像将自动进行锐化处理，选择【滤镜】/【锐化】/【锐化边缘】命令锐化图像的边缘，增强图像的细节，应用滤镜的前后对比效果如图9-59所示。

步骤04 选择"彩妆人物"图层，选择【滤镜】/【锐化】/【锐化】命令，应用滤镜的前后对比效果如图9-60所示。

图9-59　　　　　　　　　图9-60

↘ 活动4 使用"其他"滤镜组

老李告诉小艾，除了使用"锐化"滤镜加强细节外，还可以使用"其他"滤镜组中的"高反差保留"滤镜增强图像中反差较大的色调，从而美化人物，具体操作如下。

步骤01 复制"彩妆人物"图层，将鼠标指针移至复制图层下方的"锐化"滤镜处，按住鼠标左键不放并拖曳鼠标至下方的"删除图层"按钮🗑上，然后释放鼠标即可删除该智能滤镜。

步骤02 选择复制图层，选择【滤镜】/【其他】/【高反差保留】命令，打开"高反差保留"对话框，设置半径为"6.0像素"，如图9-61所示，然后单击 确定 按钮。

✎ **经验之谈**

　　在调整"高反差保留"滤镜中的半径时，该数值越大，图像中所保留的边缘细节就越多；反之则越少。

步骤 03 此时人物效果偏灰，因此设置复制图层的图层混合模式为"柔光"，效果如图9-62所示。

步骤 04 使用"矩形工具"□在"夏日彩妆季"文字下方绘制两个白色矩形。

步骤 05 使用"横排文字工具"T在矩形中输入图9-63所示的文字，适当调整文字大小、字距等，按【Ctrl+S】组合键保存文件（配套资源：效果\项目9\彩妆Banner.psd）。

　　　图 9-61　　　　　　　　　　　图 9-62　　　　　　　　　　　图 9-63

同步实训

↘ 实训1　制作画框展示图

实训要求

　　某家居用品店铺准备上新一批挂画，需要将拍摄的风景照片制作成艺术效果的图像，然后将其放置在家居场景中，便于消费者查看真实效果，制作前后对比效果如图9-64所示。

图 9-64

实训提示

步骤 01 打开"荷花.jpg"（配套资源：素材\项目9\荷花.jpg），按【Ctrl+J】组合键复制"背景"图层，将复制的图层重命名为"荷花"。

步骤 02 选择"荷花"图层，将其转换为智能对象图层，然后选择【滤镜】/【滤镜库】命令，打开"滤镜库"对话框。

步骤 03 选择"艺术效果"滤镜组中的"木刻"滤镜，然后适当调整右侧的色阶数、边缘简化度和边缘逼真度，应用该滤镜的前后对比效果如图9-65所示。

步骤 04 新建效果图层，选择"纹理"滤镜组中的"纹理化"滤镜，适当调整右侧的缩放和凸现等，然后放大左侧的预览图可查看细节，如图9-66所示。

步骤 05 再次新建效果图层，选择"画笔描边"滤镜组中的"成角的线条"滤镜，适当调整参数，效果如图9-67所示。

图9-65　　　　　　　　　　图9-66　　　　　　　　　　图9-67

步骤 06 打开"画框.jpg"（配套资源：素材\项目9\画框.jpg），使用"矩形工具"▢ 在画框内的白色区域绘制一个黑色的矩形，并使其完全覆盖白色区域，如图9-68所示。

步骤 07 将调整好的图像添加至"画框"文件中，将其置于矩形上，然后将其创建为剪贴蒙版，再适当调整图像的大小和位置，最终效果如图9-69所示。

图9-68　　　　　　　图9-69

步骤 08 按【Ctrl+Shift+S】组合键将文件存储为名称为"画框展示图"的文件（配套资源：效果\项目9\画框展示图.psd）。

↘ 实训2　制作水果促销海报

实训要求

　　某水果店铺准备进行水果促销活动，为此准备制作促销海报投放在店铺首页中，以吸引消费者注意。要求海报颜色鲜艳，并突出活动的主题文字。该海报尺寸为600像素×800像素，参考效果如图9-70所示。

图9-70

实训提示

步骤 01 新建大小为"600像素×800像素"，分辨率为"72像素/英寸"，名称为"水果促销海报"的文件，置入"海报背景.jpg"素材（配套资源：素材\项目9\海报背景.jpg），适当调整大小。

步骤 02 置入"水果.png"素材（配套资源：素材\项目9\水果.png），适当调整大小，并将其置于圆台之上。

步骤 03 为"水果"图层添加"投影"图层样式，再应用"锐化"滤镜，适当调整参数，前后对比效果如图9-71所示。

图9-71

步骤 04 使用"横排文字工具"**T**在上方输入"水果狂欢周 省钱大作战"文字，适当调整文字大小、字距等，并为其添加"渐变叠加""投影"图层样式。

步骤 05 将文字图层转换为智能对象图层并重命名为"文字"，然后为其应用"油画"滤镜，适当调整参数，前后对比效果如图9-72所示。

图9-72

步骤 06 继续使用"横排文字工具"**T**在圆台上输入"全场商品五折起"文字，然后通过变形文字使其与圆台弧度相同。

步骤 07 置入"树叶.png"素材（配套资源：素材\项目9\树叶.png），适当调整大小，将其置于海报上方，然后为其应用滤镜库，适当调整参数，前后对比效果如图9-73所示。

图9-73

步骤 08 置入"落叶1.png""落叶2.png"素材（配套资源：素材\项目9\落叶1.png、落叶2.png），分别将其复制2次，然后适当调整大小和旋转角度，将其置于海报中作为装饰。

步骤 09 合并所有落叶图层并重命名为"落叶"，然后将"树叶"图层的滤镜效果复制到"落叶"图层中，再为其应用"动感模糊"滤镜，使其具有飘落的效果，如图9-74所示。

图9-74

步骤 **10** 完成制作后按【Ctrl+S】组合键保存文件（配套资源：效果\项目9\水果促销海报.psd）。

项目小结

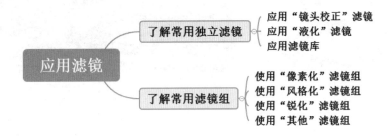

项目 10
批处理图像与切片

　　临近节假日，多个店铺开始开展促销活动，准备更新视觉设计效果，因此，老李交给小艾两个新的设计任务，一是为多张鞋子图像统一调整色调并添加水印，二是对小吃店铺移动端首页进行切片处理，使其更好地显示在网页中。

➡ 知识目标

- 掌握批处理图像的方法。
- 掌握对图像进行切片的方法。

➡ 技能目标

- 能通过批处理图像为多张图像调整色调并添加水印。
- 能对首页进行切片处理。

➡ 素养目标

- 通过动作的录制、存储等提高高效办公的能力。
- 培养在图像切片上的专业能力。

任务 1 批处理图像

任务描述

小艾发现需要调色和添加水印的鞋子图像较多，工作量较大，老李告诉她，结合"动作"面板和"批处理"命令进行处理，能够有效提高工作效率。

知识窗

动作是 Photoshop 中的一大特色功能，它可以快速地对不同的图像进行相同的处理，结合"批处理"命令可以大大简化重复性的操作。

1. 认识"动作"面板

动作可以将不同的操作、命令及命令参数记录下来，以一个可执行文件的形式存在，与动作相关的所有操作都可以在"动作"面板中进行展示。选择【窗口】/【动作】命令或按【Alt+F9】组合键，打开图 10-1 所示的"动作"面板，在其中可以进行动作的创建、播放、修改和删除等操作。在处理图像时，每一个操作步骤就相当于一个动作，将若干操作合并在一起就可以形成一个动作组。

图 10-1

下面对其中的选项进行介绍。

● 切换项目开/关：动作组、动作和命令前如果显示✔图标，表示这些动作可以执行。若没有该图标，则不可被执行。

● 切换对话开/关：若显示▢图标，表示执行到该操作时，用户可单独调整该操作的参数，设置完成后，Photoshop再继续自动执行之后的操作。

● "停止播放/记录"按钮■：单击该按钮，将停止播放动作或停止记录动作。

● "开始记录"按钮●：单击该按钮，开始记录新动作。

● "播放选定的动作"按钮▶：单击该按钮，将播放当前选定的动作或动作组。

● "创建新组"按钮▢：单击该按钮，可创建新的动作组。

● "创建新动作"按钮▢：单击该按钮，可创建一个新动作。

● "删除"按钮🗑：单击该按钮，可删除当前选择的动作或动作组。

单击"动作"面板右上角的▤按钮，在弹出的快捷菜单中选择"按钮模式"命令，可将"动作"面板切换为图 10-2 所示的按钮模式，在该模

图 10-2

式下可直接单击相应的动作进行应用。

2. 动作的基本操作

动作的基本操作大多是在"动作"面板中进行的。

（1）创建动作和应用动作

动作的主要操作有创建动作和应用动作。在"动作"面板中预设了多种动作和动作组，用户可直接使用；也可根据需要创建新的动作，单击"动作"面板下方的"创建新动作"按钮 📄，打开图 10-3 所示的"新建动作"对话框，可设置动作的名称、组、功能键以及颜色。其中，功能键用于设置执行该动作的快捷键，颜色用于设置在按钮模式下该动作的背景颜色。

图 10-3

✏️ 经验之谈

若为指定动作与Photoshop中的命令设置成同样的快捷键，快捷键将适用于动作而不是命令。

创建动作后将自动开始记录操作，下方的"开始记录"按钮 ● 将变为 ● 状态，录制结束后单击"停止播放 / 记录"按钮 ■ 可结束记录，再单击"播放选定的动作"按钮 ▶ 可应用该动作对图像进行处理。

（2）修改动作

当记录完动作后，若在过程中出现了一些错误的操作造成动作不正确的情况，此时无须重新录制，只需对其中的部分动作进行修改。修改动作主要分为以下 3 种情况。

● 修改动作的名称、功能键等：在"动作"面板中双击动作或动作组右侧的空白区域，可打开"动作选项"或"组选项"对话框，然后在其中进行修改。

● 修改动作中某个命令的参数：双击需要修改的命令，可直接在打开的对应命令的对话框中修改参数。

● 修改动作播放速度：选择动作后，单击"动作"面板右上角的 ☰ 按钮，在弹出的快捷菜单中选择"回放选项"命令，打开图10-4所示的"回放选项"对话框，单击选中"加速"单选项，Photoshop将以正常速度播放动作；单击选中"逐步"单选项，将在完成每条命令后重绘图像，再进入下一条命令；单击选中"暂停"单选项，可在其后的文本框中输入在执行命令后的暂停时间。

图 10-4

（3）插入停止

若需要执行无法记录的操作，可插入停止，让动作在播放时自动停止，然后手动执行无法录制的操作。其操作方法如下：选择需要插入停止的操作，单击"动作"面板右上角的 ☰

按钮，在弹出的快捷菜单中选择"插入停止"命令，打开图10-5所示的"记录停止"对话框，在其中输入提示信息，然后单击 确定 按钮即可插入动作中。若单击选中"允许继续"复选框，在停止操作后可在弹出的对话框中选择继续执行动作或停止执行动作。

图 10-5

（4）插入菜单项目

在"动作"面板中无法记录"视图"命令和"窗口"命令等，此时可单击"动作"面板右上角的 ≡ 按钮，在弹出的快捷菜单中选择"插入菜单项目"命令，可打开"插入菜单项目"对话框，然后进行相应的操作，如选择【视图】/【显示】/【新建参考线】命令后，该对话框中的"菜单项"右侧将出现"视图：新建参考线"文字，如图10-6所示，然后单击 确定 按钮即可插入动作中。

图 10-6

（5）存储和载入动作

用户可以将已创建好的动作以文件的形式进行保存，需要使用时再通过加载文件的形式载入"动作"面板。

- 存储动作组：在"动作"面板中选择存储的动作，单击右上角的 ≡ 按钮，在弹出的快捷菜单中选择"存储动作"命令，打开图10-7所示的"另存为"对话框，在其中设置目标文件夹、文件名、保存类型等，然后单击 保存(S) 按钮，将其存储为扩展名为".atn"的文件。

图 10-7

- 载入动作组：单击"动作"面板右上角的 ≡ 按钮，在弹出的快捷菜单中选择"载入动作"命令，在打开的"载入"对话框中选择需要载入的动作，然后单击 载入(L) 按钮。

3. "批处理"命令

在"动作"面板中，一次只能对一个图像执行动作，如果想对大量图像同时执行某个动作，就需要结合"批处理"命令。打开需要批处理的所有图像或将所有图像移动到同一个文件夹中，选择【文件】/【自动】/【批处理】命令，打开图10-8所示的"批处理"对话框。

图 10-8

其中各选项的含义如下。

- 组：用于设置批处理效果的动作组。
- 动作：用于设置批处理效果的动作。

● 源：在"源"下拉列表中可以指定要处理的文件。选择"文件夹"选项并单击  按钮，可在打开的对话框中选择一个文件夹，批处理该文件夹中的所有文件。

● 覆盖动作中的"打开"命令：单击选中该复选框，在批处理时将忽略动作中记录的"打开"命令。

● 包含所有子文件夹：单击选中该复选框，可将批处理命令应用到所选文件夹中包含的子文件夹。

● 禁止显示文件打开选项对话框：单击选中该复选框，将关闭文件打开选项对话框的显示。

● 禁止颜色配置文件警告：单击选中该复选框，将关闭颜色方案信息的显示。

● 目标：在"目标"下拉列表中可选择完成批处理后文件的保存位置。选择"无"选项，将不保存文件，文件将保持打开状态；选择"存储并关闭"选项，可以将文件保存在原文件夹中，覆盖原文件；选择"文件夹"选项，并单击 选择(H)... 按钮，可指定保存文件的文件夹。

● 覆盖动作中的"存储为"命令：单击选中该复选框，动作中的"存储为"命令将会引用批处理文件，而不是动作中自定的文件名和位置。

● 文件命名：在"目标"下拉列表中选择"文件夹"选项后，可在"文件命名"栏中设置文件的命名规范及兼容性。

任务实施

↘ 活动1 记录动作

小艾准备先为其中一张图像调色和添加水印，并记录该动作以便后续对其他图像进行相同的处理，具体操作如下。

步骤 01 打开"鞋子1.jpg"素材（配套资源：素材\项目10\鞋子\鞋子1.jpg），按【Alt+F9】组合键打开"动作"面板。

步骤 02 单击"创建新组"按钮，打开"新建组"对话框，设置名称为"图像处理"，单击 确定 按钮。再单击"创建新动作"按钮，在打开的"新建动作"对话框中设置名称为"调色+水印"，然后单击 记录 按钮。

步骤 03 此时将自动开始记录动作，选择【图像】/【调整】/【亮度/对比度】命令，打开"亮度/对比度"对话框，设置参数如图10-9所示，然后单击 确定 按钮，"动作"面板中将出现该操作及相应的参数，如图10-10所示。

图 10-9

图 10-10

步骤 04 选择【图像】/【调整】/【色阶】命令，设置参数如图10-11所示，然后单击 确定 按钮，图像调色的前后对比效果如图10-12所示。

图 10-11　　　　　　　　　　　　　　　图 10-12

步骤 05 置入"水印.png"素材（配套资源：素材\项目10\水印.png），按【Ctrl+T】组合键进入自由变换状态，适当调整大小，并将其置于图像右下角，效果如图10-13所示。

步骤 06 在"动作"面板中的"变换"操作前单击✔图标右侧的▢图标，使其变为▢图标，如图10-14所示，在执行该动作时可暂停播放以进行调整。

步骤 07 按【Ctrl+Shift+S】组合键打开"另存为"对话框，设置好保存位置后，设置文件名为"鞋子1"，保存类型为"JPEG（*.JPG，*.JPEG，*.JPE）"，单击 保存(S) 按钮。

步骤 08 打开"JPEG选项"对话框，设置品质为"最佳"，如图10-15所示，然后单击 确定 按钮，将其以JPEG格式进行存储。

步骤 09 在标题栏中单击该文件的✕图标，然后在弹出的对话框中单击 否(N) 按钮，使素材源文件不受影响。

步骤 10 单击"动作"面板下方的"停止播放/记录"按钮■结束记录，"动作"面板中记录的所有动作如图10-16所示。

图 10-13　　　　　图 10-14　　　　　图 10-15　　　　　图 10-16

↘ 活动2　存储动作

小艾准备将记录好的动作存储为文件，便于之后进行修改或应用，具体操作如下。

步骤 01 在"动作"面板中选择"图像处理"动作组，单击右上角的≡按钮，在弹出的快捷菜单中选择"存储动作"命令。

步骤 02 打开"另存为"对话框，在其中设置目标文件夹，设置文件名为"图像处理"，如图10-17所示，然后单击 保存(S) 按钮将其保存（配套资源：效果\项目10\鞋子\图像处理.atn）。

图 10-17

↘ 活动3 使用"批处理"命令

小艾将所有的动作都记录好后，就准备使用"批处理"命令对所有的鞋子图像进行调整色调和添加水印的处理，具体操作如下。

步骤 01 选择【文件】/【自动】/【批处理】命令，打开"批处理"对话框，在"组"下拉列表中选择"图像处理"动作组，在"动作"下拉列表中选择"调色+水印"动作，然后设置"源"为素材所在文件夹。

微课

使用"批处理"命令

步骤 02 在右侧设置"目标"为图像的存储文件夹，单击选中"覆盖动作中的'存储为'命令"复选框，然后在"文件命名"栏中设置图10-18所示的参数。

步骤 03 设置完成后单击 确定 按钮，Photoshop将自动对文件夹中的素材进行处理，在执行到"变换"操作时，可调整水印位置，调整好后按【Enter】键，再继续进行处理，图10-19所示为调整"鞋子3""鞋子4"图像水印位置的效果。

图 10-18

步骤 04 打开存储位置，可发现所有图像都已进行了调整色调和添加水印的操作，如图10-20所示（配套资源：效果\项目10\鞋子\）。

图 10-19

图 10-20

任务2 图像切片

任务描述

为了提高网页中图像的加载速度，老李让小艾使用切片工具将小吃店铺移动端首页分割成多个小图像，以便将制作好的首页上传到网页中进行展示。

知识窗

对图像进行切片前需要了解切片工具、切片的基本操作及优化与输出切片的方法。

1. 切片工具

"切片工具" ✎用于创建切片，用户选择该工具后，直接拖动鼠标在图像上绘制需要切片的区域即可创建切片，每个切片的左上角将显示切片的序号，如图 10-21 所示。其中，以蓝底白字显示的为用户创建的切片；而以灰底白字显示的为 Photoshop 自动生成的切片。

图 10-21

"切片工具" ✎的工具属性栏如图 10-22 所示。

图 10-22

下面对其中的参数进行介绍。

- **"样式"下拉列表**：在该下拉列表中可以选择切片区域的绘制模式。选择"固定长宽比"和"固定大小"选项时，可在右侧设置切片的宽度和高度。
- **"基于参考线的切片"按钮**：若图像中已设置参考线，可单击该按钮，基于参考线划分图像区域，为每个划分后的图像局部区域创建切片。

2. 切片选择工具

"切片选择工具" ✎主要用于选择切片、调整切片的堆叠顺序、对齐与分布切片等，其工具属性栏如图 10-23 所示。

图 10-23

下面对其中的参数进行介绍。

- **调整切片堆叠顺序**：创建切片后，最后创建的切片将处于堆叠顺序的最高层，可通过 ✎✎✎✎4个按钮调整切片堆叠顺序。
- **"提升"按钮**：单击该按钮，可以将所选的自动切片或基于图层创建的切片提升为用户切片。
- **"划分"按钮**：单击该按钮，可打开图10-24所示的"划分切片"对话框，通过设置相关参数可对切片进行水平或垂直方向的均匀划分。
- **对齐与分布切片**：选择多个切片后，可单击相应按钮对齐或分布切片。
- **"隐藏自动切片"按钮**：单击该按钮，可隐藏自动切片。

●**"为当前切片设置选项"按钮**▥：单击该按钮，可打开图10-25所示的"切片选项"对话框，在其中可设置名称、切片类型和URL等。

图 10-24　　　　　　　　　　　图 10-25

3. 选择、移动和变换切片

在创建切片时，若对绘制的切片不满意，可以对切片进行移动、变换等操作。

使用"切片选择工具" ◢ 单击可选择切片，按住【Shift】键可同时选择多个切片，然后按住鼠标左键不放并拖曳即可移动切片。

若需要调整切片大小，可选择切片后，将鼠标指针移动到切片四周，当鼠标指针将变为 ↕ 形状，按住鼠标左键不放并拖曳可调整切片的大小，如图 10-26 所示。其原理与调整图像大小相同。

图 10-26

4. 优化与输出切片

当创建并完成切片的编辑后，用户可根据需求对进行切片后的图像进行优化和输出操作。

（1）存储为 Web 所用格式

选择【文件】/【导出】/【存储为 Web 所用格式】命令，可打开图 10-27 所示的"存储为 Web 所用格式"对话框。

下面对其中的选项进行介绍。

●**显示选项**：单击"原稿"选项卡，可在窗口中显示没有优化的图像；单击"优化"选项卡，可在窗口中显示优化后的图像；单击"双联"选项卡，可并排显示优化前和优化后的图像；单击"四联"选项卡，可并排显示图像的4个版本，每个图像下面都提供了优化信息，如优化格式、文件体积、图像估计下载时间

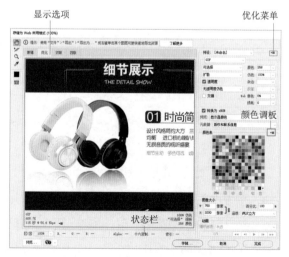

图 10-27

等，方便进行比较。

● "抓手工具" 🖑：选择该工具后，使用鼠标拖动图像可移动查看图像。

● "切片选择工具" 🔪：当图像中包含多个切片时，可使用该工具选择切片，并对其进行优化。

● "缩放工具" 🔍：选择该工具后，单击可放大图像显示比例，按住【Alt】键单击则可缩小图像显示比例。

● "吸管工具" 🖋：选择该工具后，可吸取鼠标单击处的颜色。

● 吸管颜色 ■：用于显示吸管工具吸取的颜色。

● "切换切片可视性" 按钮 🔲：单击该按钮，可显示或隐藏切片的定界框。

● 优化菜单：可在弹出的快捷菜单中选择存储设置、链接切片、输出设置等命令进行操作。

● 颜色表：在对图像格式进行优化时，可在"颜色表"栏中对图像颜色进行优化设置。

● 颜色调板菜单：单击颜色表右上方的 ▾≣ 按钮，在弹出的快捷菜单中可进行和颜色相关的操作，如新建颜色、删除颜色和对颜色进行排序等。

● 图像大小：将图像大小调整为指定的像素尺寸或原稿大小的百分比。

● 状态栏：显示鼠标指针所在位置的颜色信息。

（2）优化切片

在"存储为 Web 所用格式"对话框中选择需要优化的切片后，在右侧的"文件格式"下拉列表框中，可以选择以下 5 种文件格式对切片进行优化。

● GIF格式：GIF格式常用于压缩具有单色调或细节清晰的图像，它是一种无损压缩格式；

● PNG-8格式：PNG-8格式与GIF格式的特点相同，其选项也相同。

● JPEG格式：JPEG格式可以压缩颜色丰富的图像，将图像优化为JPEG格式时会使用有损压缩。

● PNG-24格式：PNG-24格式适合压缩连续色调的图像，它可以保留多达256个透明度级别，但文件体积一般大于JPEG格式。

● WBMP格式：WBMP格式适合优化移动设置的图像。

（3）输出切片

在优化菜单中选择"编辑输出设置"命令，打开图 10-28 所示的"输出设置"对话框，在其中可设置 HTML 文件的格式、编码等属性。

图 10-28

设置完成后，返回"存储为 Web 所用格式"对话框，单击 ⬭存储… 按钮，打开"将优化结果存储为"对话框，在"格式"下拉列表中选择一种格式，包括"HTML 和图像""仅限图像"和"仅限 HTML"3 种，并设置存储的文件名和位置，然后单击 🔲保存(S) 按钮即可输出切片。

任务实施

↘ 活动1　创建切片

　　小艾准备先使用参考线划分画面中的区域，然后创建对应的切片，具体操作如下。

步骤 **01** 打开"小吃店铺移动端首页.psd"素材（配套资源：素材\项目10\小吃店铺移动端首页.psd），按【Ctrl+R】组合键显示标尺，在上方的标尺处按住鼠标左键不放并向下拖曳创建参考线，以划分画面。图10-29所示为店招与导航条、优惠券和精品上新部分的参考线划分效果。

步骤 **02** 选择"切片工具" ，将鼠标指针移至左上角，然后按住鼠标左键不放并向右下方拖曳至参考线位置后释放鼠标，在该切片左上角将显示蓝色的序号"01"，下方将自动生成序号为白色的"02"的自动切片，如图10-30所示。

步骤 **03** 使用"切片工具" 沿着第2根参考线和第3根参考线绘制切片，将创建序号为"03"的切片，然后使用相同的方法继续沿参考线创建切片，将整个首页划分为8个切片。

步骤 **04** 放大画面查看划分效果，在切片边界存在偏移的位置使用"切片选择工具" 对切片进行调整。

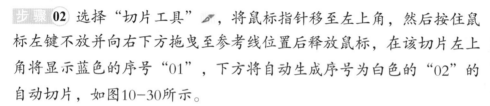

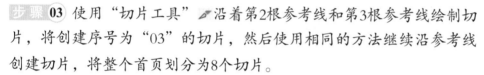

图 10-29

图 10-30

↘ 活动2　编辑切片

　　小艾创建好切片后，决定将部分切片进行进一步划分，并分别为每个切片命名，以便后续进行管理，具体操作如下。

步骤 **01** 选择"切片选择工具" ，按住【Shift】键选择所有自动切片，即所有白色序号的切片，然后单击工具属性栏中的"提升"按钮，将它们转换为用户切片。

✎　经验之谈

　　自动切片虽然在创建时为用户节省了时间，但需要将其提升为用户切片后才能进行编辑。

步骤 **02** 选择优惠券板块所在的切片，然后在工具属性栏中单击"划分"按钮，打开"划分

切片"对话框，单击选中"垂直划分为"复选框，再在下方第一个单选项的文本框中输入
"3"，如图10-31所示，然后单击 确定 按钮，切片效果如图10-32所示。

图 10-31　　　　　　　　　　　　　　图 10-32

步骤 **03** 选择精品上新商品所在的切片，单击"划分"按钮，打开"划分切片"对话框，
单击选中"垂直划分为"复选框，再在下方第一个单选项的文本框中输入"2"，然后单击
确定 按钮，最终的切片效果如图10-33所示。

图 10-33

步骤 **04** 选择01号切片，在工具属性栏中单击"为当前切片设置选项"按钮，打开"切片选项"对话框，设置名称为"店招"，如图10-34所示，然后单击 确定 按钮。

步骤 **05** 使用相同的方法为其他切片命名，可根据其内容进行命名，如"导航条""海报""优惠券01"等。

图 10-34

↘ **活动3　输出切片**

微课

输出切片

小艾编辑完所有切片后，接下来就开始输出切片，具体操作如下。

步骤 01 选择【文件】/【导出】/【存储为 Web 所用格式】命令，打开"存储为Web所用格式"对话框，单击下方的 ⌷存储⌷ 按钮，打开"将优化结果存储为"对话框。

步骤 02 在"格式"下拉列表中选择"HTML 和图像"选项，如图10-35所示，设置存储的文件名和位置后单击 ⌷保存(S)⌷ 按钮。

步骤 03 打开存储位置，可在其中看到"小吃店铺移动端首页.html"网页和"images"文件夹（配套资源：效果\项目10\小吃店铺移动端首页\），双击"images"文件夹，在打开的窗口中可查看切片后的效果，如图10-36所示。

图 10-35

图 10-36

同步实训

↘ 实训1　批量调整商品图像大小

实训要求

某原创皮包品牌提供了6张皮包的商品图像，要求将它们全部裁剪为 1∶1 的比例，并调整图像大小为 500 像素 ×500 像素，以便于后期进行操作，调整的前后对比效果如图 10-37 所示。

图 10-37

实训提示

步骤 01 打开"皮包1.jpg"素材（配套资源：素材\项目10\皮包\皮包1.jpg），按【Alt+F9】组合键打开"动作"面板，新建"调整图像大小"动作组，再新建"裁剪+调整"动作。

步骤 02 选择"裁剪工具" ⬚，在工具属性栏中设置比例为"1:1"，然后在图像编辑区中调整裁剪框的大小和位置，再按【Enter】键完成裁剪，裁剪的前后对比效果如图10-38所示。

图 10-38

步骤 03 选择【图像】/【图像大小】命令，打开"图像大小"对话框，设置分辨率为"72像素/英寸"，宽度和高度均为"500像素"，然后单击 确定 按钮。

步骤 04 按【Ctrl+Shift+S】组合键将图像另存为"皮包1.jpg"图像，并在"JPEG选项"对话框中设置品质为"最佳"。

步骤 05 在标题栏中单击该文件的 ✕ 图标，然后在弹出的对话框中单击 否(N) 按钮，使素材源文件不受影响。

步骤 06 单击"动作"面板下方的"停止播放/记录"按钮 ■ 结束记录，并在"裁剪"操作前单击 ✓ 图标右侧的 ☐ 图标，使其变为 ☐ 图标。"动作"面板中记录的所有动作如图10-39所示。

图 10-39

步骤 07 在"动作"面板中选择"调整图像大小"动作组，单击右上角的 ☰ 按钮，在弹出的快捷菜单中选择"存储动作"命令，设置相关参数后将其保存（配套资源：效果\项目10\皮包\调整图像大小.atn）。

步骤 08 选择【文件】/【自动】/【批处理】命令，打开"批处理"对话框，设置好相关的动作、素材文件夹及效果文件夹。

步骤 09 在右侧单击选中"覆盖动作中的'存储为'命令"复选框，然后在"文件命名"栏中设置命名相关的参数。

步骤 10 设置完成后单击 确定 按钮，Photoshop将自动对文件夹中的素材进行处理，在执行到"裁剪"操作时，可手动调整裁剪框的大小和位置，调整好后再继续进行处理，图10-40所示为调整"皮包2"图像的前后对比效果。

步骤 11 打开存储位置，可发现所有图像都已裁剪完毕，如图10-41所示（配套资源：效果\项目10\皮包\）。

图 10-40

图 10-41

↘ 实训2　批量为商品图像添加边框和水印

实训要求

某箱包品牌提供了 6 张箱包的商品图像，要求为它们添加相同宽度的渐变边框，并输入"耐兴行李箱"文字作为水印，处理的前后对比效果如图 10-42 所示。

图 10-42

实训提示

步骤 01 打开"行李箱1.jpg"素材（配套资源：素材\项目10\行李箱\行李箱1.jpg），按【Alt+F9】组合键打开"动作"面板，新建"添加边框和水印"动作组，再新建"边框+水印"动作。

步骤 02 新建图层，使用"矩形选框工具"▯全选图像，然后为其添加"20像素，白色，内部"的描边效果。

步骤 03 设置前景色为黑色，背景色为深蓝色，然后双击"图层 1"右侧的空白区域，在打开的"图层样式"对话框中为"图层 1"图层添加"前景色～背景色"的渐变效果，并设置不透明度为"80%"。

步骤 04 使用"横排文字工具"T在画面右下角输入"耐兴行李箱"文字，然后适当调整文字的字体、大小和位置，前后对比效果如图10-43所示。

图 10-43

步骤 05 按【Ctrl+Shift+S】组合键将图像另存为"行李箱1.jpg"图像，并在"JPEG选项"对话框中设置品质为"最佳"。

步骤 06 在标题栏中单击该文件的 ✕ 图标，然后在弹出的对话框中单击 否(N) 按钮，使素材源文件不受影响。

步骤 07 单击"动作"面板下方的"停止播放/记录"按钮■结束记录，"动作"面板所记录的所有动作如图10-44所示。

步骤 **08** 在"动作"面板中选择"调整图像大小"动作组，将其保存在文件夹中（配套资源：效果\项目10\行李箱\添加边框和水印.atn）。

步骤 **09** 选择【文件】/【自动】/【批处理】命令，打开"批处理"对话框，设置相关参数后单击 确定 按钮，Photoshop将自动对文件夹中的素材进行处理，图10-45所示为调整"行李箱2"图像的前后对比效果。

步骤 **10** 打开存储位置，可发现所有图像都已添加了边框和水印，如图10-46所示（配套资源：效果\项目10\行李箱\）。

图 10-44

图 10-45

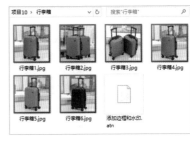

图 10-46

↘ 实训3　为零食店铺首页切片

实训要求

某零食店铺的首页设计制作完成后，需要将其进行切片处理，以便上传到网页中进行展示，要求将各个板块都区分开来，并以正确的形式命名，切片效果如图 10-47 所示。

图 10-47

实训提示

步骤 **01** 打开"零食店铺首页.psd"素材（配套资源：素材\项目10\零食店铺首页.psd），按【Ctrl+R】组合键显示标尺，然后使用水平参考线将首页的各个板块进行分割。

步骤 **02** 使用"切片工具" 为各个板块创建切片，并为热销产品板块的标题和内容单独创建切片。

步骤 **03** 新建位置为"350像素"的垂直参考线，然后使用"切片选择工具" 选择系列板块，单击"划分"按钮，将其在垂直方向上均匀划分。

步骤 04 使用"切片工具" ✐将左侧的切片分为两个切片，若划分效果不理想，可使用"切片选择工具" ✐进行调整，效果如图10-48所示。

图 10-48

步骤 05 继续选择热销产品的内容部分，将其在水平方向上均匀划分，最终的切片效果如图10-49所示。

步骤 06 选择01号切片，在工具属性栏中单击"为当前切片设置选项"按钮🔲，打开"切片选项"对话框，设置名称为"海报"，然后单击 确定 按钮。再使用相同的方法为其他切片命名。

步骤 07 选择【文件】/【导出】/【存储为 Web 所用格式】命令，打开"存储为Web所用格式"对话框，单击下方的 存储… 按钮，打开"将优化结果存储为"对话框。

步骤 08 在"格式"下拉列表中选择"HTML 和图像"选项，并设置存储的文件名和位置，然后单击 保存(S) 按钮。

步骤 09 打开存储位置，可在其中看到"零食店铺首页.html"网页和"images"文件夹（配套资源：效果\项目10\零食店铺首页\），如图10-50所示。

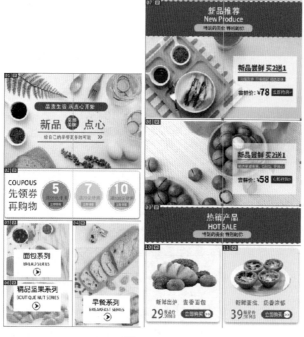

图 10-49

图 10-50

↘ 实训4 为零食商品详情页切片

某店铺的蔓越莓曲奇饼干详情页制作完成后，需要将其进行切片处理，要求将每个板块的标题和内容都分开切片，并以正确的形式进行命名，切片效果如图 10-51 所示。

图 10-51

实训提示

步骤 01 打开"零食详情页.psd"素材（配套资源：素材\项目10\零食详情页.psd），按【Ctrl+R】组合键显示标尺，然后使用水平参考线划分详情页的各个板块。

步骤 02 使用"切片工具" ✐为各个板块创建切片，注意将标题和内容分开创建。

步骤 03 使用"切片选择工具" ✐选择精选食材板块中最下方的切片，单击"划分"按钮，将其在垂直方向上均匀划分，最终切片效果如图10-52所示。

图 10-52

步骤 **04** 选择01号切片，单击"为当前切片设置选项"按钮▥，在"切片选项"对话框中设置名称为"首图"，然后单击 确定 按钮，再使用相同的方法为其他切片命名。

步骤 **05** 选择【文件】/【导出】/【存储为 Web 所用格式】命令，将该页面以"HTML 和图像"的格式导出。

步骤 **06** 打开存储位置，可在其中看到"零食详情页.html"网页和"images"文件夹（配套资源：效果\项目10\零食详情页\），如图10-53所示。

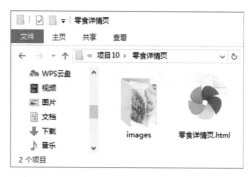

图 10-53

项目小结

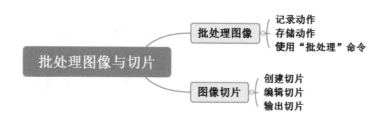